博物馆里的中国

阅读最美的建筑

宋新潮 潘守永 / 主编
刘文丰 杨冉冉 / 编著

天津出版传媒集团

新蕾出版社

图书在版编目 (CIP) 数据

阅读最美的建筑 / 刘文丰, 杨冉冉编著. -- 天津：新蕾出版社, 2015.9(2022.11 重印)
(博物馆里的中国 / 宋新潮, 潘守永主编)
ISBN 978-7-5307-6263-9

Ⅰ.①阅… Ⅱ.①刘… ②杨… Ⅲ.①建筑艺术-中国-青少年读物 Ⅳ.①TU-862

中国版本图书馆 CIP 数据核字(2015)第 208547 号

书　　名	阅读最美的建筑　YUEDU ZUIMEI DE JIANZHU
出版发行	天津出版传媒集团 新蕾出版社
	http://www.newbuds.com.cn
地　　址	天津市和平区西康路 35 号(300051)
出 版 人	马玉秀
电　　话	总编办(022)23332422 　　　发行部(022)23332351　23332679
传　　真	(022)23332422
经　　销	全国新华书店
印　　刷	天津新华印务有限公司
开　　本	787mm×1092mm　1/16
字　　数	114 千字
印　　张	11.5
版　　次	2015 年 9 月第 1 版　2022 年 11 月第 14 次印刷
定　　价	36.00 元

著作权所有，请勿擅用本书制作各类出版物，违者必究。
如发现印、装质量问题，影响阅读，请与本社发行部联系调换。
地址:天津市和平区西康路 35 号
电话:(022)23332677　邮编:300051

◆ **主编**

宋新潮
国家文物局副局长
国际博物馆协会亚太地区联盟主席
中国博物馆协会理事长

潘守永
上海大学教授、博士生导师,博物馆学家

◆ **编委会**

庄孔韶
中国人民大学、浙江大学教授,国际知名人类学家

安来顺
北京鲁迅博物馆副馆长
国际博物馆协会执行委员会委员
中国博物馆协会副理事长兼秘书长

宋向光
北京大学教授
北京大学赛克勒考古与艺术博物馆副馆长

成建正
陕西历史博物馆馆长

陈建明
湖南省博物馆馆长
中国博物馆协会副理事长

曹兵武
中国文物报社总编辑,古地质学家,考古学家

Sharon Macdonald(麦夏兰)
英国约克大学文化遗产和博物馆方向资深教授

王　素
中国教育科学研究院国际比较教育研究中心主任
著名儿童教育专家

◆ **审读委员会**

云希正
全国文物鉴定委员会委员
天津博物馆研究馆员

白云翔
中国社会科学院考古研究所副所长

刘　燕
周恩来邓颖超纪念馆文博馆员

刘世风
中国地质博物馆副研究馆员

孙　革
沈阳师范大学古生物学院院长
辽宁古生物博物馆馆长

杜晓帆
联合国教科文组织北京代表处文化遗产保护专员

李　凯
天津文博院院长，天津博物馆副馆长

吴梦麟
北京市文物局专家组成员
北京石刻艺术博物馆研究馆员

张玉光
北京自然博物馆研究馆员

张亚钧
中国地质博物馆副馆长

陈　凌
上海博物馆出版摄影部主任

赵　娜
天津古籍出版社编辑室主任、副编审

徐汝聪
《上海文博论丛》编辑部主任

舒德干
西北大学早期生命研究所所长，中国科学院院士

路国权
山东大学东方考古研究中心教师，博士

（审读委员会按姓氏笔画排序）

序

在这里，读懂中国

博物馆是人类知识的殿堂，它珍藏着人类的珍贵记忆。它不以营利为目的，面向大众，为传播科学、艺术、历史文化服务，是现代社会的终身教育机构。

中国博物馆事业虽然起步较晚，但发展百年有余，博物馆不论是从数量上还是类别上，都有了非常大的变化。截至目前，全国已经有超过4000家各类博物馆。一个丰富的社会教育资源出现在家长和孩子们的生活里，也有越来越多的人愿意到博物馆游览、参观、学习。

"博物馆里的中国"是由博物馆的专业人员写给小朋友们的一套书，它立足科学性、知识性，介绍了博物馆的丰富藏品，同时注重语言文字的有趣与生动，文图兼美，呈现出一个多样而又立体化的"中国"。

这套书的宗旨就是记忆、传承、激发与创新，让家长和孩子通过阅读，爱上博物馆，走进博物馆。

记忆和传承

博物馆珍藏着人类的珍贵记忆。人类的文明在这里保存，人类的文化从这里发扬。一个国家的博物馆，是整个国家的财富。目前我国的博物馆包括历史博物馆、艺术博物馆、科技博物馆、自然博物馆、名人故居博物馆、历史纪念馆、考古遗址博物馆以及工业博物馆等等，种类繁多；数以亿计的藏品囊括了历史文物、民俗器物、艺术创作、化石、动植物标本以及科学技术发展成果等诸多方面的代表性实物，几乎涉及所有的学科。

如果能让孩子们从小在这样的宝库中徜徉,年复一年,耳濡目染,吸收宝贵的精神养分成长,自然有一天,他们不但会去珍视、爱护、传承、捍卫这些宝藏,而且还会创造出更多的宝藏来。

激发和创新

博物馆是激发孩子好奇心的地方。在欧美发达国家,父母在周末带孩子参观博物馆已成为一种习惯。在博物馆,孩子们既能学知识,又能和父母进行难得的交流。有研究表明,12岁之前经常接触博物馆的孩子,他的一生都将在博物馆这个巨大的文化宝库中汲取知识。

青少年正处在世界观、人生观和价值观的形成时期,他们拥有最强烈的好奇心和最天马行空的想象力。现代博物馆,既拥有千万年文化传承的珍宝,又充分利用声光电等高科技设备,让孩子们通过参观游览,在潜移默化中学习、了解中国五千年文化,这对完善其人格、丰厚其文化底蕴、提高其文化素养、培养其人文精神有着重要而深远的意义。

让孩子从小爱上博物馆,既是家长、老师们的心愿,也是整个社会特别是博物馆人的责任。

基于此,我们在众多专家、学者的支持和帮助下,组织全国的博物馆专家编写了"博物馆里的中国"丛书。丛书打破了传统以馆分类的模式,按照主题分类,将藏品的特点、文化价值以生动的故事讲述出来,让孩子们认识到,原来博物馆里珍藏的是历史文化,是科学知识,更是人类社会发展的轨迹,从而吸引更多的孩子亲近博物馆,进而了解中国。

让我们穿越时空,去探索博物馆的秘密吧!

潘守永

2014年2月于美国弗吉尼亚州福尔斯彻奇市

导言

建筑美好生活

五千年的中国文明史，不仅孕育出了无数有形和无形的珍宝，也为今天的我们留下了数不清的珍贵历史遗迹——建筑。中国古代建筑以其多姿的形态、丰富的文化内涵，给后人留下了一处处物质遗存和精神财富。

民居是一种与我们的生活息息相关的建筑形态，你别看我们现在城市中随处可见的是由砖石、混凝土垒砌的高楼大厦，但是在古代，不同的历史时期，不同的自然和人文环境，民居式样可是千变万化的，四合院式的北京民居，石库门式的上海民居，竹楼式的云南民居，窑洞式的陕北民居，庭院深深的江西民居，东西折厢式的湖南民居，360度圆盘式的福建民居，层峦叠嶂山城式的四川民居等，多姿多彩，美不胜收。

民居尚且如此，帝王将相居住生活的皇家建筑更是金碧辉煌，从秦始皇大修阿房宫，到唐代壮丽的大

明宫;从精致的王府官衙,到宏伟的皇家藏书阁,历朝历代的皇室对于修建自己的宫殿、树立皇室雄威毫不懈怠。如今,繁华褪去,那红墙黄瓦依然在传唱着帝王家昔日的辉煌。

去过苏州的人恐怕很少有不为拙政园、留园这样的园林建筑所倾倒的。在中国古代,建筑师将园林当作建筑艺术的一部分,他们用双手料理出一番绿意的天地,看似天成,实则汇聚了设计师独特的建筑理念。

说起礼制建筑,它与中国古代社会的等级关系是分不开的,因为有了等级,所以会有不同规格的墓葬;因为等级之差,也会有不同形式、不同规格的寺庙、宗祠等,这些建筑如今已失去其社会功能,很多古代陵墓甚至尚未具备挖掘条件,但我们仍可以通过地上建筑和历史资料了解千年文明的世事沧桑。

总之,无论是那些早已湮灭的历史容颜,还是那些存留至今的遗珍,都宛如历史文化长河中点点闪亮的明珠,发出耀眼夺目的光芒,向世人传达着它们不能被历史尘沙遮盖的光彩。

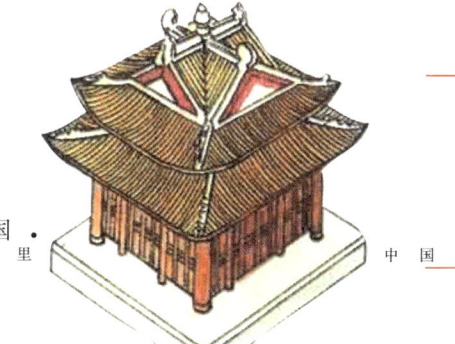

目录

第一章 民居建筑 …………………………… 1

建筑传奇 …………………………………………… 2
建筑饱览 …………………………………………… 7
最独特的建筑——北京四合院 …………………… 9
最有诗意的建筑——徽派建筑 …………………… 15
独具魅力的东方古堡——福建土楼 ……………… 20
用竹竿撑起的建筑——傣族竹楼 ………………… 24
悠悠草原上的明珠——蒙古包 …………………… 26
高原上的瑰宝——藏式碉房 ……………………… 30
古城中的巨大印章——"一颗印"民居 ………… 32

举世无双 ………………………………… 35
　　木结构建筑的优势与弱点 ……………… 35
　　伟大的发明——榫卯 …………………… 35
建筑一角 ………………………………… 37

第二章　皇家建筑 ………………………… 51
建筑传奇 ………………………………… 52
建筑饱览 ………………………………… 54
　　巍峨的皇城——北京故宫 ……………… 54
　　仅次于皇家建筑的王公府第——恭王府 … 64
举世无双 ………………………………… 70
　　故宫屋顶的小兽 ………………………… 70
　　样式雷 …………………………………… 73
　　算房高 …………………………………… 76
建筑一角 ………………………………… 78

第三章　园林建筑…………………………………91
建筑传奇……………………………………92
建筑饱览……………………………………96
　　中国园林乃至世界园林的典范——颐和园 …………96
　　世界上最悠久完整的皇家园林——北海 ……………100
　　曲径通幽的私家花园——拙政园 ……………………104
举世无双……………………………………108
　　最早的园林艺术专著——《园冶》……………………108
　　园林设计大师——山石张 ……………………………109
建筑一角……………………………………111

第四章　礼制建筑 …………………………121
建筑传奇 ……………………………………122
建筑饱览 ……………………………………128
　　既不规则又不对称的建筑——天坛 ……128
　　一个皇室家族的兴衰——明十三陵 ……132
举世无双 ……………………………………137
　　多功能的彩画 ……………………………137
建筑一角 ……………………………………140

博物馆参观礼仪小贴士……………………150
博乐乐带你游博物馆………………………152
难忘的旅程…………………………………168

第一章
民居建筑

小光是个爱干净又爱动脑的人,他没事就蹲在自己家的洞穴前思考:我能不能挖个浅一些的坑,把自己的房子搭出地面呢?

建筑传奇

北京的国家体育场"鸟巢"、巴黎的艾菲尔铁塔、悉尼的歌剧院,都是世界著名建筑。然而从人类生存和文化的层面来说,意义更为深远的并非这些人造奇观,而是数千年来老百姓居住的普普通通的房子,民居才是建筑的最基本的形式。人们常说"民居是建筑之母",就是这个意思。

家是我们每个人的温暖港湾,一到傍晚,无论是辛勤工作一天的爸爸妈妈还是我们,都想快点儿回到那个温暖舒适的家。其实我们数千年前的祖先也不例外,他们结束了一天的劳作之后,最惦记的也是那个属于自己的地方。下面,就让我们把视线拉回到六七千年以前,来一次穿越时空的旅行吧!

　　六七千年前的长江流域，生活着一个聪明健壮的小伙子，名叫"阿明"，几乎与此同时的黄河流域，也住着一个憨厚结实的青年，名叫"小光"。阿明和小光生活的环境截然不同，然而他们不约而同地发挥了自己的聪明才智，在大自然中经历了一整天的"疯狂原始人"的惊险生活后，各自过上了温暖充实的生活。在高温潮湿的长江流域，阿明把自己的家安在大树上；在炎热干爽的黄河流域，小光把自己的家安在了洞穴里。

　　今天的我们把阿明的居住方式称作"巢居"，把小光的居住方式称作"穴居"。我们现在把动物居住的地方称为"巢穴"，那么当这两个字被运用到我们的祖先身上的时候，你知道它们描述的是什么样的状况吗？

巢居的由来

　　"巢"，就是鸟窝的意思。阿明是传说中的"有巢氏"一族的成员，在我国沿江、沿海地区，由于潮湿多雨，"有巢氏"为了防水、躲避野兽，最早学会了在树上搭房居住，这就是"巢居"（图1.1.1）。我们目前发现的最早的"巢居"线索来自7000年前浙江余姚的"河姆渡文化"。

阿明把爷爷的爷爷的爷爷传下来的本领记得牢牢的。什么本领呢?就是在树上盖房子!运用这个本领,他可以远离地面上的毒虫猛兽,过上相对舒坦安全的生活。时间一长,聪明的阿明又开始思考了:这棵树上只能盖这么小的小屋,我要怎么做才能住进更宽敞的房子呢?阿明胆大心细,心灵手巧,竟然尝试着把自己的小屋盖在相邻的多棵树之间。这下房子不但变大了,而且因为是同时固定在多棵树上,也更加牢固结实了。

图 1.1.1　巢居

后来,阿明高兴地把自己的发明教给自己的儿子和族人;再后来,又过了很多很多年,阿明的后人不满足于在现成的树上盖房了,他们试着把一棵棵大树砍倒,用树干当立柱来盖房,这种住房被今天的人们称为"干栏式"住宅。这种房屋的历

史延续了几千年,成为我国东南部地区的传统建筑模式,直至今日仍然非常常见,我们经常在照片上看到的"高脚楼"(图1.1.2),就属于这类房屋。

穴居的由来

下面再说小光。憨厚的小光住在黄河流域,那里四季分明,没

有那么潮湿的气候,在树上搭屋似乎没什么必要。不过,他也学到了从自己的爷爷的爷爷的爷爷那里流传下来的盖屋秘诀——挖洞。所谓"穴",就是指自然或人工形成的洞穴。别以为住在洞里是受罪,其实呀,在华北、西北地区的黄河流域,土层深厚,含水量少,这些地方的窑洞式住宅冬暖夏凉,经济实用,住起来舒

图 1.1.2 高脚楼

服着呢(图1.1.3)。小光家族的盖房历史可不比阿明家短,5000多年前的仰韶文化时期,西安的半坡、临潼的姜寨等聚落就显现出了北方先民穴居的特点,小光的家就在这里面。随着历史的发展,我国北方逐步形成了陕北、豫西、晋中等几大窑洞式建筑居民区。

小光是个爱干净又爱动脑的人,他没事就蹲在自己家的洞穴前思考:我的家模仿天然地洞,就是挖坑、

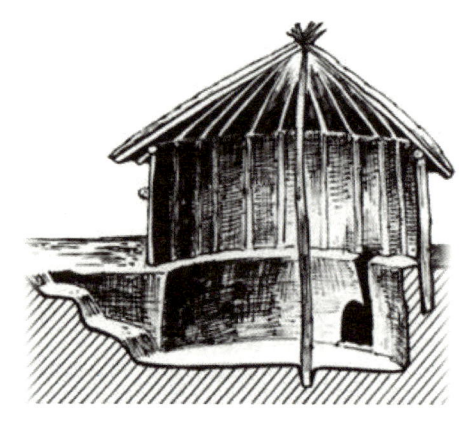

图 1.1.3　穴居示意图

搭棚,可是洞里毕竟土多又憋气,我能不能住得更通透,更干净,更舒服呢?对了,我能不能挖个浅一些的坑,把自己的房子搭出地面呢?小光可不知道,自己的灵机一动竟然成就了一种新的建筑类型,那就是"半地穴"建筑。而且,他的发明给了后代人更多的灵感,一代一代的人继续摸索,他们渐渐地试着把房子盖在有地台的平面上,你看,这样的房

子与我们今天的住宅(图 1.1.4)是不是越来越相近了?

图 1.1.4　今天的砖瓦房

巢居和穴居分别是我国南方和北方先民的主要居住方式,看似简单,却是我们的祖先适应自然环境的智慧结晶。随着历史的发展和人类的进步,人们的住宅越来越多姿多彩。下面,就让我们走近这些精美珍贵的建筑文物和让人流连忘返的名胜古迹,一起踏上这探求建筑文明的时空之旅吧!

建筑饱览

阿明和小光都是生活在六七千年前的人,由此可见我国民居的历史非常悠久。然而住宅建筑,特别是平民的住宅建筑,在汉代以前却很少有形象化的记载。究其原因,第一,老百姓谁会把自己平时住的房子当成描绘、记录的对象,甚至当成文物保护起来?第二,无论木屋还是土屋,它们怎么才能被长期妥善地保存?这问题别说对古人,对今天的我们来说都是个难题。所以,直到汉代,种种记录民居的物件才被保存并流传下来,我们才能够通过画像砖、陶质模型、壁画、绘画(图1.2.1—图1.2.3)等文物来大致理清中国民居的发展脉络。

图 1.2.1　画像砖上的古建筑

图 1.2.2　壁画上的古建筑

图 1.2.3　绘画中的古建筑

中国人重视家庭,而住宅作为家的物质载体,承载着独特的精神内涵。下面,我们就来欣赏一下我国几种比较有特色的民居。

最独特的建筑——北京四合院

大家快来看看这是什么？也许见识多的同学一下子就答出来了:这是四合院呀！是的,这是一个比较简单的四合院模型(图1.2.4)。四合院是我国合院建筑的一种代表类型,也是如今中国传统民居中留存数量最多、分布最广的一种。

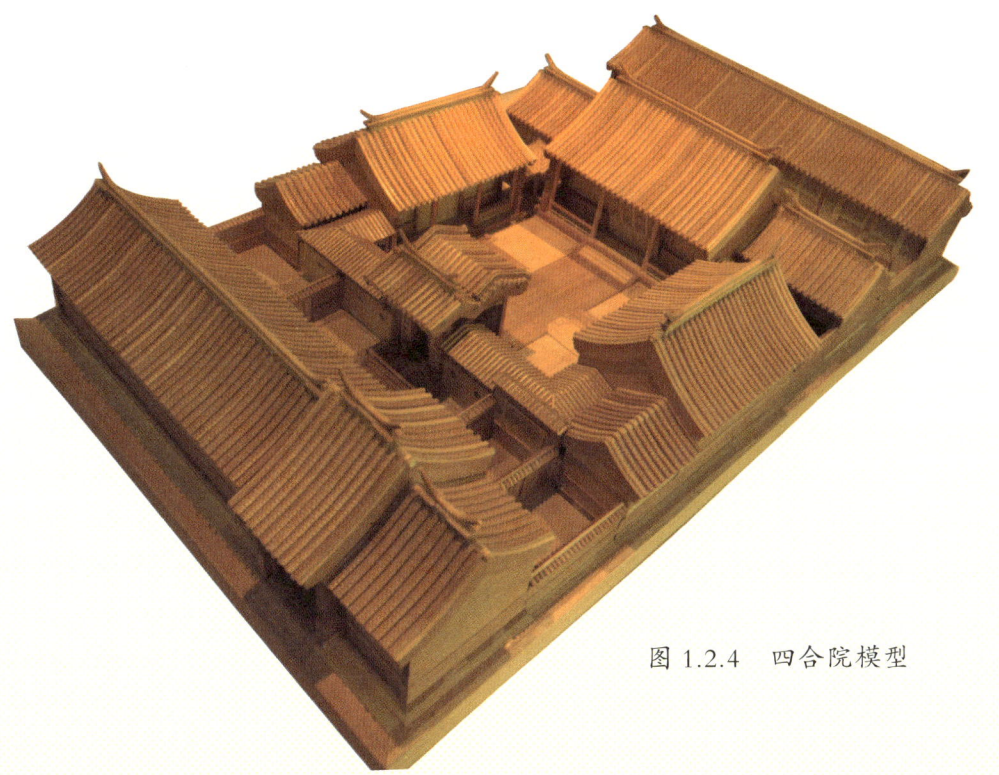

图 1.2.4 四合院模型

它是这个样子的

就像动物具有骨架一样,房子也是有骨架的,梁、柱,这些四合院里的房屋骨架都是木质的。别看前面那个四合院示意图很简单,图中那些房屋的位置和朝向可是很有讲究的哟!

首先,中间那间房屋(学名为正房)一般都是坐落在南北中轴线上的。院落左右两边那两间基本对称的房间则叫"厢房"。四合院以这种"一正两厢"的组合为基本单位,四周建屋,用房屋围成庭院。

其实合院式建筑并不是北京独有,在我国其他地方也很多见,只不过因为各地气候不同,南方和北方的建筑外观有所不同罢了。南方合院里的房屋比较密集,正房和厢房很多是连接在一起的,庭院相对来说也比较小,只露出一块小小的、四边形的天空,人们叫它"天井"(图1.2.5)。在有的南方民居中,我们甚至会觉得整个院子简直就是一个开了天窗的敞厅。而北方的合院呢,正房和厢房间则隔开了比较大的一

图 1.2.5　南方的天井

段距离,院子比较开阔,刚才说到的"四合院"就是北方合院式住宅中最典型的一种。

四合院的历史

四合院历史悠久,早在3000多年前的西周时期就有完整的四合院出现。陕西岐山凤雏村西周遗址出土了中国已知最早、最严整的四合院实例。今天的北京留存着许多典型的四合院,这种布局源于元大都的规划。元人诗云:"云开闾阖三千丈,雾暗楼台百万家。"这"百万家"的住宅,便是如今所说的北

京四合院。经过明清两代,这种住宅进一步延续发展,于是"北京四合院"成了北京民居的代名词。

我们前面看到的模型图其实仅仅起到示意的作用,实际上,四合院往往比模型要复杂得多。四合院的规模和家族规模、人口多少有着密切的关系,一般来说,小型四合院只有一进(一重院落),由十几间房屋组成,大点的四合院可以有二进、三进,或者更多,多达几十间房。

结构中的奥秘

四合院里的正房一般是坐北朝南的,东西两边有厢房,正房的对面(也就是大门一侧)还有南房。四合院的宅门一般开在南面偏东的位置,这是因为古人认为东南是最吉祥的方位。那么古人认为什么方位不吉祥呢?答案是西南方,所以四合院一般都会把厕所设置在整个院落的西南方。

四合院中的居民一般住在什么地方?除了东西厢房之外,你看到四合院模型中正房左右的小房间了吗?那叫"耳房",大多是当卧室用的。厢房的南侧一般也有小房间,叫"厢耳房",有时用作厨房。这就是北京普通市民所住四合院的基本构造。这种小四合院比较简单朴素,宅门不会特别大,门内多有砖砌的小照壁(大门内外做屏蔽用的墙壁),以轱辘钱、瓦花等吉祥图案为装饰。一般只是正房前檐有廊、柱等。

如果是贵族、官僚、富商的四合院,那可又不同啦。那种大中型四合院有二进(图 1.2.6)或更多的院落(图 1.2.7)。当然,这些院落也坐落在南北中轴线上,是一重一重的,每重院落为一进。有的大型四合院甚至在东西两侧也延伸出了院子,称为跨院,这简直有点儿像小型的宫殿或寺庙了,是吧?

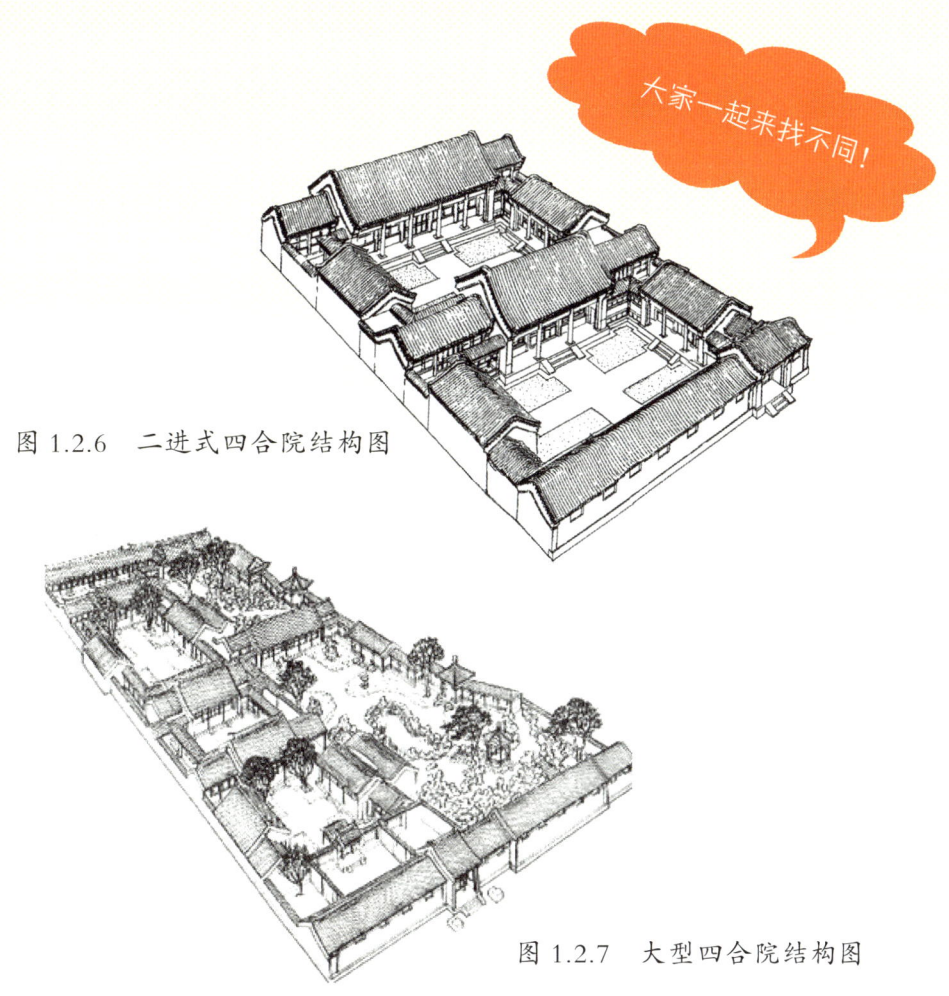

大家一起来找不同!

图 1.2.6　二进式四合院结构图

图 1.2.7　大型四合院结构图

　　这种多院落的大中型四合院的宅门可气派多了,一般都是屋宇式,位置一般在东南侧。大户人家的大门的前檐一般还装饰有彩画等。大中型四合院的第一进院子里,北面正中一般有一道门,叫垂花门(图1.2.8),前檐装饰着垂莲柱和雕花木板。进了垂花门,就能到第二进院子,第二进院子的正中叫过厅,左右也有厢房。垂花门、过厅与厢房间多用曲折的廊子连接,廊间还有精美华丽的什锦窗之类的装饰。如果院子还有第三进,那么第三进院子的情况基本和第二进相似。

图1.2.8 垂花门

小贴士:屋宇式是传统庭院中大门的一种式样,外形像房屋,内部由多个开间构成。

四合院这种建筑形式充分体现了中国传统的宗族制度，每个房间都有不同的地位和象征意义，也便于安排不同的家庭成员使用。

最有诗意的建筑——徽派建筑

夏天到了，出去写生的季节到啦！每年暑假，我们都会看到学习美术的学生们熙熙攘攘地前往他们写生的圣地——安徽的宏村和西递村。那里到底有着怎样的魔力呢？那儿风景秀丽，是我国著名的徽州文化的代表。

徽派建筑的历史

说到徽州文化，明代著名戏曲作家汤显祖曾经慨叹："一生痴绝处，无梦到徽州。"在过去相当长的时间内，中国最富有的人群并没有分布在沿海地区，而是分布在内陆地区，即徽商和晋商，其中尤以徽商创造的经济、文化业绩最为突出。

古徽州不仅山川秀丽，文风昌盛，民间习俗也自成一统，因而民居也别具一格。今天，当我们走进徽州，步入那一座座由白墙青瓦组成的徽州民居时，那高低错落的马头墙、精美的雕刻和引人无限遐思的天井，都使人仿佛穿越了数百年的时光，走进了过往的淳朴岁月。

宏村和西递村的古民居是徽派建筑的代表，它们都位于安徽省黄山市黟县。宏村位于黟县东北部，始建于1131年，距

今已有近900年的历史。这里保存着明清时期的古建筑103幢,民国时期的建筑34幢,已于2000年被列入《世界文化遗产名录》。

它是这个样子的——

行家们都说,宏村是个"牛形"村落。这就怪了,村子有方形的,有圆形的,怎么还有"牛形"的呢?原来,宏村始建于1131年,后来在15世纪至17世纪和18世纪至19世纪进行过两次大规模改建。在明代永乐年间,人们将村中的一处天然泉水挖成了半月形的水塘(名叫月沼或月塘),这就是"牛胃"(图1.2.9);人们又开凿了一道400多米长的水圳(人造的用来灌溉农田和泄洪的水利设施),作为"牛肠"。人们通过这"牛肠"从村西河中将河水引到村里,贯穿"牛胃"。又在村西的虞山溪上架起四座木桥,作为"牛脚"。这样,便形成了"山为牛头,树

图1.2.9 宏村的"牛胃"之一——月沼

为角,屋为牛身,桥为脚"的牛形村落。后来,村民们又将村南的百亩良田开掘成了南湖,这样,宏村这头"牛"就有两个"胃"啦!至此,前后经历了180余年,宏村牛形村落的设计与建筑才算大功告成。

改建后的宏村三面环山,坐北朝南,村内有南湖书院、乐叙堂、承志堂等百余幢明清时期的建筑。村外河流引入村内,穿村而过,街巷、民居傍水而建,街巷用石板铺地,景色真是美不胜收。经典的徽派民居大约是在1662年至1911年间建造的,包括书院、宗祠与宅第。这些民居多为木结构,有着精美的雕刻,是一个完整的整体,对研究我国古代民居建筑艺术与环境艺术具有很高价值。

西递村则位于黟县东南,这个古老的皖南传统村落已有近千年的历史,现有明代民居29幢,建筑面积6380平方米,有祠堂、走马楼、牌坊

图 1.2.10　西递村胡文光刺史牌坊

(图1.2.10)等;清代民居95幢,建筑面积约2.1万平方米。

西递村至今完好地保存着典型的明清古村落风格,有"活的古民居博物馆"之称,也被列入了《世界文化遗产名录》。

来到这里,你会发现一种与北京四合院完全不同的

美——如果说北京四合院淋漓尽致地展现了我国北方合院式建筑之美,那徽派民居则尽显南方合院式建筑之美。这里的建筑物大多采用木构砖墙,院落平面对称,基本单元为中间厅堂,两侧厢房,入口处有内天井。在此基础上纵横发展,自由组合,形成二进、三进、四进等多种平面形式。比较特别的是,徽派民居纵向的院落之间还常常设有造型精美别致的马头墙(图1.2.11),这与众不同的马头墙到底是做什么用的呢?

没想到吧,这高高大大的马头墙,它最重要的用处就是隔绝火源。前面说过,南方民居之间的距离是很近的,房屋密度大。为了防止一家起火蔓延到其他家,人们就开动脑筋,创造出了这种比房顶还高的漂亮的墙。

图 1.2.11　徽派建筑的马头墙

结构中的奥秘

以宏村、西递村为代表的徽派建筑色彩朴素淡雅,装饰制作精良,而且非常讲究与自然环境的和谐统一,堪称我国古代民居的瑰宝。当然,这瑰宝也寄托着古人浓浓的人文情怀:过去的徽商巨贾(gǔ)为了藏富防盗,其住宅大都建有高大封闭的屋墙,很少向外开窗。然而,这并不能隔绝人类对自然的亲近与渴求。于是,天井变成了一扇独特的窗,起到采光、透气等功效。古代人通过设置天井,把大自然融入屋中,实现了他们追求"天人合一"的愿望。

再来看看徽派建筑独特的门罩设计,它们不仅遮蔽风雨,保护门扇、门框,更显示了主人的身份、地位。徽派建筑的门罩上装饰着精美的徽州三雕——木雕、砖雕、石雕,将门楼设计

得富丽堂皇,以此体现自己的品位与追求。

此外,徽派建筑中地位非常重要的牌坊,在一定程度上也是徽派建筑的精神所在。牌坊是封建社会最高的荣誉象征,是用来标榜功德、宣扬礼制的,这正是儒家思想根植于徽州文化的重要表现。

独具魅力的东方古堡——福建土楼

图1.2.12 邮票上的"土楼王"

这张邮票上的建筑真是太威风了(图1.2.12),它是不是有点儿像大气磅礴的角斗场?不过,它可不是角斗场,而是我国福建常见的民居——土楼。这张1986年发行的邮票上印的便是有"土楼王"之称的福建永定承启楼。

土楼到底是什么

它是一个家族聚居之地,从某种意义上说,也相当于家族的城堡。既然是城堡,当然极具防御性,因此,土楼实质上就是我国福建人民聚族而居、共同防御外敌的家族城堡。福建土楼兴起于宋元时期,至明清、民国时期逐渐成熟,并一直延续至今。现存的土楼大多为明清所建,主要分布在我国福建省的南靖县、平和县、华安县、漳浦县以及龙岩市。这些集中于福建西部和南部崇山峻岭中的传统民居，以其独特的建筑风格和悠久的历史文化著称于世，已被列入《世界文化遗产名录》。

土楼当然主要是土做的啦！福建土楼是世界上独一无二的山区大型夯(hāng)土民居建筑，堪称生土建筑艺术杰作。福建土楼往往依山就势，巧妙地利用山间狭小的平地，以当地的生土、木材、鹅卵石等材料建成。当然，既然是土制建筑，不但要注意防火，还要特别注意防水，所以土楼居民在日常用水上都有很多注意事项。

结构中的奥秘

前面说过的"土楼王"承启楼位于福建省龙岩市永定县高头乡高北村，据传从明崇祯年间破土奠基，至清康熙年间竣

工,历时半个世纪。有句顺口溜可以形容土楼王的赫赫威风:"高四层,楼四圈,上上下下四百间;圆中圆,圈套圈,历经沧桑三百年。"嘿,承启楼高大雄伟、厚重粗犷,就是这么霸气!

承启楼是土楼的代表作,不过并不是所有的福建土楼都长得和它一样哟!圆形是福建土楼最常见的形状,除此之外还有方形土楼。从形制上,土楼还分府第式、宫殿式等多种类型。

土楼面面观

圆形土楼除了承启楼外,较有代表性的还有振成楼和绳武楼。振成楼人称"土楼王子",中西合璧,用料考究,建筑质量上乘;绳武楼则号称"最精美的土楼"与"木雕博物馆"(图1.2.13),楼内处处是精美而无一雷同的雕刻式样,采用单元式与通廊式相结合的结构,精致小巧。

> 能工巧匠们为我穿上美丽的花衣!

图 1.2.13　绳武楼的精美木雕

奎(kuí)聚楼(图1.2.14)为宫殿式土楼,体现了主人的地位和气势。福裕楼(图1.2.15)为府第式土楼,是客家土楼与闽西南传统民居建筑手法的有机结合。和贵楼(图1.2.16)为方楼,建于淤泥地上,高达五层。田螺坑土楼(图1.2.17)布局巧妙,展现了土楼建筑与大自然浑然一体的特性。

图1.2.14　奎聚楼

图1.2.15　福裕楼

图1.2.17　田螺坑土楼

图1.2.16　和贵楼

用竹竿撑起的建筑——傣族竹楼

人类的智慧在于特别善于利用外界的环境和身边的资源,看了上面那些缤纷多彩的民居,不知你是否有了这样的感悟。下面,我们再来欣赏一下我国少数民族独具特色的民居。

首先要介绍的是云南西双版纳傣族自治州和德宏傣族景颇族自治州的傣族民居。西双版纳位于云南南部,境内山峦迭起,河谷纵横,树木茂盛。傣族人民多居于山间、河谷的坝子上,那里土地肥沃,气候炎热,雨量充沛。在这样的环境中,他们会建造出怎样的建筑呢?

它是这个样子的

西双版纳等地区盛产竹子,所以聪明的傣族人民充分利用这一资源,建起了精美的"竹楼"(图 1.2.18)。竹楼也属于干

图 1.2.18　傣族竹楼

栏式建筑——底层架空一般不住人。架空的高矮有别,矮的称为"矮干栏",高的称为"高干栏",而傣族多用高干栏。

傣族人民的竹楼主要建在坝区,也就是丘陵地带低洼的平地处。每年雨水集中的时候,坝区常遇到洪水袭击。竹楼建筑可以有效躲避洪水,还有防潮、避虫、通风散热等优点。

结构中的奥秘

别看竹楼的原理简单,结构可一点儿都不简单呢!

竹楼的上层住人,下层养牲畜或者放杂物。傣族的习俗是一家同宿一室,分帐而卧,因此卧室一般是一个大房间。卧室外还有一间较大的堂屋,中间设有火塘。火是终年不熄的,既可以做饭,又可以取暖。堂屋外还有廊、晒台、楼梯。竹楼的廊是没有外墙的,这是因为当地炎热潮湿,这种设计便于通风。站在没有外墙的廊上欣赏热带美景,这感觉实在是太棒啦!

美丽的传说

关于竹楼的由来还有一个美丽的传说。相传在久远的古代,傣家有一位勇敢善良的青年,他很想给傣家人建一座房子,但总不得其法。后来,一只凤凰飞来,给了他重要的启发:凤凰不停地向他展翅示意,是让他把屋脊建成人字形;凤凰以高脚独立的姿势向他示意,是让他把房屋建成高脚房子。就这样,青年终于在凤凰的启发下造出了如凤凰般美丽的傣家竹楼。

傣家竹楼所有的梁、柱、墙及附件都是用竹子制成的,竹

楼上的每一个建筑部件都有不同的功能和意义。有机会去云南的话，一定要走进竹楼，去感受一下傣族的历史和文化！

悠悠草原上的明珠——蒙古包

一望无垠的内蒙古大草原令人神往，在这美丽的画面中，我们能看到什么？除了那湛蓝的天、碧绿的草、洁白的云朵和

羊群,最常见的东西大概就是那一个个漂亮的圆帐篷了吧!这样的圆帐篷一般被称为"蒙古包"(图1.2.19),它是内蒙古游牧民族传统的民居形式,是这一地区人民群众最天才的发明,至今已有2700多年的历史。

既然是游牧民族的民居,那么蒙古包最重要的特点就是便于拆卸和迁移。一座普通的蒙古包,只需要两峰骆驼或一辆勒勒车就能运输,两三个小时就可以立起来,多么方便快捷!

图1.2.19 蒙古包

它是这个样子的——

不用砖瓦、泥土,蒙古包采用的是毡木结构,构造简单。它的骨架是用木材做成的,外面用羊毛毡围裹。

蒙古包的骨架颇为讲究,每个部分都有自己的名字——沿蒙古包周边设置的网状木杆架叫"哈那",它的功能类似于墙,可以伸缩,尺寸规范统一;蒙古包的顶上有天窗,组成天窗的圆木杆叫"陶脑";连接"哈那"和"陶脑"的部位相当于蒙古包的肩膀,名叫"乌尼"。你看,普通民居该具备的部分是不是一样也不缺呢?

蒙古包为什么是半球形的?让我们想一想看似脆弱实际却握不破的鸡蛋壳,想一想拱形的赵州桥,你该明白这种设计中包含的力学原理了吧!在气候多变的大草原,这种形状不但具有很好的抗风性,还可以有效减少积雪的危害呢!

　　和其他民居一样,不同的蒙古包也能体现出文化与经济的差别。首先,蒙古包的大小是与家庭经济条件相关的。其次,蒙古包的数量也与经济条件有关,一般牧民有3座以内的蒙古包,富裕的可多达8座。再有,蒙古包的陈设位置也和辈分及地位有关,如果一家有多个蒙古包,那么长者一般都居住在最西面的蒙古包里。

蒙古包有多大

　　有人问,蒙古包到底有多大?今天的蒙古包直径一般在4米左右,面积在12平方米至16平方米。据记载,法国人鲁不鲁克曾经在1252年受法国国王路易九世派遣,出使蒙古帝国,他看到了一辆用22头牛拉的巨型大车上放着一个蒙古包,估计这个蒙古包是别墅级别的吧!

高原上的瑰宝——藏式碉房

去过西藏的同学都会被雄伟的布达拉宫深深震撼,但震撼之余,也不要忘记到传统的藏族民居去看看。这种建筑古朴而粗犷,令人过目不忘,它就是藏族特有的"碉房"(图1.2.20)。

图 1.2.20 依山而建的碉房

它是这个样子的——

碉房是藏族民居中比较典型的建筑式样,主要分布在西藏和四川的部分地区,以拉萨民居为代表。碉房的形式多种多样,其共同特点是平面呈方形,用石头或土筑墙,纵向排列着许多木柱,外形酷似防御性极强的碉堡。

结构中的奥秘

碉房一般是两层（图1.2.21），底层饲养牲畜及作为贮藏室,层高较低;二层为居住层,包括卧室、客厅及厨房,小间为储物室或楼梯间。若有第三层,则用作经堂和晒台。

山区的平地资源比较宝贵,这种楼房式建筑充分体现了藏族人民因地制宜的智慧,利用山势建造,结构坚固,防御力很强。

图 1.2.21　碉房

碉房的居室是以"柱"为单位的,依经济实力不同,有人建造两三柱的碉房,有人则建造十几柱的碉房。或许一两座碉房还没什么,但当许多方方正正、古朴厚实的碉房连在一起,那景象无比壮观!而且,独具审美眼光的藏族人民为了改变碉房呆板沉重的外观,还特意将梯形窗口涂黑,挑出窗檐,这更给严肃的碉房增添了虚实变化的灵动色彩。

古城中的巨大印章——"一颗印"民居

何为"一颗印"?这种民居以天井为中心,由正房、厢房和前部的大门、围墙组成,整体上方方正正。下图(图1.2.22)就是这类民居的俯视图,你看它像不像古代的一颗方印?

图1.2.22 "一颗印"民居俯视图

它是这个样子的——

"一颗印"民居主要分布在云南昆明附近,为当地的汉族、

彝族及其他少数民族所采用。这种民居的正房一般为三间,屋顶较高,分上下两层,房顶两面均有坡度。厢房也是上下两层,房顶虽然也是两面坡,但不是对称的,朝向院内的一面坡较长,而朝外的一面坡较短。"一颗印"民居的外墙很高,就连前方大门的那面墙也很高,而且围墙上没有侧门和小门——既安全又独立,这就是"一颗印"民居的外观特色。

结构中的奥秘

"一颗印"民居均为木结构,土筑外墙,内部以木板隔断。

第一章　民居建筑

所有房间均朝向天井（图1.2.23），以采光通风，外墙多不开窗，一户一院。这种民居的布局非常紧凑，灵巧而封闭，特别适于人口稠密、用地紧张、气候温和的地区。

图1.2.23 "一颗印"内部

昆明附近的彝族等少数民族在历史上与汉族交往频繁，各族人民沟通交流，最终形成了这种独具特色的地方住宅形式。这种建筑低调朴素，经济实惠，小巧紧凑却功能俱全，而且独有一种温馨的美感。"一颗印"民居至今仍分布在昆明市内各处，这样精致的居所会不会更合现代人的胃口？

举世无双

木结构建筑的优势与弱点

大家知道，我国传统的建筑形式是以木结构为主的，那么古人为什么会做出这样的选择呢？

这主要是因为木结构建筑的抗震性能好。我国古代的木结构建筑大多是以夯土、砖石为基座，以木材为造屋材料，在基座上立柱，在木柱上架梁，各构件之间以榫卯（sǔn mǎo）连接。这样的建筑比较富有弹性，能达到比较理想的抗震效果。而且，木结构房屋取材比较方便，施工的速度也比较快。当然，木结构建筑更容易受到火灾的损害、白蚁的侵袭和雨水的腐蚀，所以要维持建筑的寿命难度较高，这也是我国古代建筑不容易得到完整保存的原因之一。

伟大的发明——榫卯

能发明榫卯这么奇妙的东西，我们的祖先可真是聪慧！榫卯（图1.3.1）被广泛应用于我国古代的木结构建筑与木制家

具中,制作榫卯是中国木匠必备的手艺之一。中国古代木结构建筑是由许多部件组成的,该怎么牢固地连接这些部件呢?靠的不是钉子、胶水或其他材料,而是这简简单单的榫卯!

下图木条上的那些凸出的部分叫榫(或榫头);凹进的部分叫卯(或榫眼、榫槽)。运用这些简单的结构,木匠们可以拼装出各种复杂的样式。在7000年前的河姆渡遗址中,考古学家们就发现了许多榫卯结构的民居部件,这证明我国古人在7000年前就已经掌握了这一技术!很多同学平时都喜欢做模型或者3D拼图,多数模型或3D拼图根本不需要胶水,可以直接拼插出成品。大家对比一下看看,榫卯形式是不是堪称它们的老祖宗?

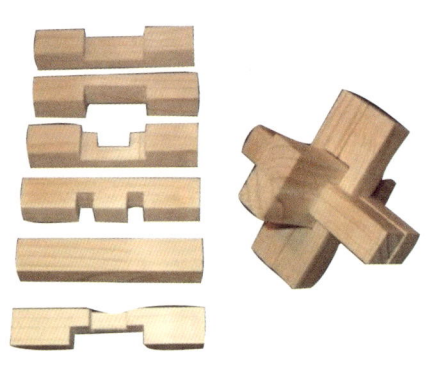

图 1.3.1　榫卯原理示意图

建筑一角

春秋·伎乐铜屋
发掘时间：1982年
发掘地点：浙江省绍兴市坡塘遗址
　　　　　306号墓
所属博物馆：浙江省博物馆

文物揭秘：几千年前的建筑要原封不动地保存到今天真的很不容易，不过我们还有另一个途径来了解古代建筑，那就是文物。下图（图1.4.1）就是浙江省博物馆十大镇馆之宝之一的春秋·伎乐铜屋。

这个铜屋的横截面为长方形，通高17厘米，面宽13厘米，进深11.5厘米，1982年3月出土。伎乐铜屋正面没有墙和门，其余三面有墙，呈透空格子状，背墙中间开一格子窗。里面有六人，分工明确，有击鼓的、抚琴的、吹笙（shēng）的、咏唱的等等。

伎乐铜屋是目前已知的唯一一座先秦时期的青铜房屋模型。尽管这种经过艺术加工的模型未必能完全准确地反映民间住宅的具体形制，但通过它多少能获得一些当时建筑的信

我是"十大镇馆之宝"之一！

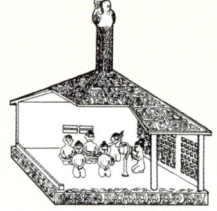

·内部剖视图　·正立面图

·侧立面图　·背立面图

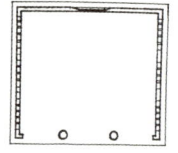

·屋顶平面图　·基座平面图

图1.4.1　春秋·伎乐铜屋

息。铜屋中的乐队反映了越人表演音乐的生动场景，铜屋八角柱顶上有一只鸟，被称为"大尾鸠（jiū）"，这体现了我国古代越人对鸟的崇拜。

尽管这个模型只是随葬品，不是真正的建筑物，但它仍然包含了中国古代建筑组成的三大要素——台基、屋身、屋顶。并且，这个模型还充分体现了我国古代建筑的地方特征：厅堂三面封闭，一面开敞。这样的建筑形式至今仍在江南地区盛行,而在北方寒冷的气候条件下是很少见到的。

> 三彩陶宅院
> 发掘时间:1959年
> 发掘地点:陕西省西安市中堡村唐墓
> 所属博物馆:陕西历史博物馆

文物揭秘:三彩陶宅院(图 1.4.2)1959年出土于西安市西郊中堡村。这个典型的中国传统民居院落呈长方形,布局对称,中轴线上的建筑有大门、四角攒尖亭、前堂、假山水池、八角亭和后寝,两侧则是厢房。整个宅院制作精美,是研究唐代

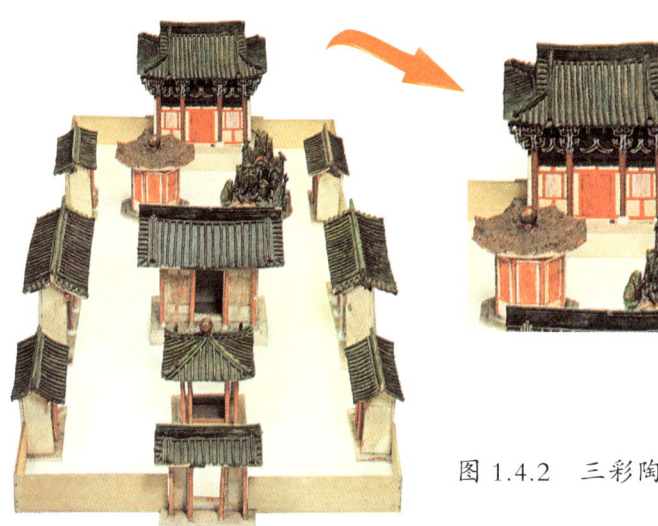

图 1.4.2 三彩陶宅院

民居的极好素材。

这个狭长的四合院有两座亭子,一座为八角形,屋脊上翘,顶部呈黄色,并雕刻出茅草纹;另一座为四角亭,顶部施绿釉,内外八根立柱,屋檐起翘平缓。正殿的斗拱非常显眼,雄浑壮观,明丽朴拙,给人以庄重沉稳之感,体现了独具文化魅力的盛唐气象。

姬氏民居
建筑年代:元代
建筑地址:山西省高平市陈区镇中庄村
所属博物馆:山西省高平市文博馆

文物揭秘:这个小院子看上去有点儿粗糙,但它的历史可不简单。它叫姬氏民居(图1.4.3),建于元代至元三十一年(1294年),至今已有700多年的历史啦!姬氏民居位于山西省高平市,是目前我国发现的年代最早的木结构民居,被列入第四批全国重点文物保护单位。

这座民居建筑面积85平方米,坐北朝南,建在高0.42米的砂岩台基上,院内西、南两面各有房屋3间,青石制成的左门墩石上刻有建筑年代、宅主人姓名等信息。

从外表看,房屋主要靠露在外面的四根石柱支撑,房顶、窗户、房门都是以木质结构为主。姬氏民居的发现者——晋城

图 1.4.3　姬氏民居

小贴士：至元是元世祖忽必烈的年号。

市博物馆馆长张广善说，姬氏民居的修建材料一点儿都不讲究，就是当地很常见的木料和石料，而且做工也比较粗糙。

这样粗糙的民居为什么能屹立 700 多年而不倒呢？他认为，这座建筑合理地设计、安排了柱和梁的布局，所用材料虽然不好，但工匠们巧妙地利用了材料的特点，合理地将材料的弯曲部分用在了各个受力点上，从而增加了梁的支撑力，使得房屋稳重感更好，承重力更强，这正是中国古代工匠智慧的体现。2014 年初，有关方面对这座珍贵的古老民居进行了抢修，相信它还能将自己的传奇生涯继续书写下去。

北京鲁迅旧居
建筑时间:1924年至1926年
建筑地址:北京市西城区阜成门内宫门口2条19号
所属博物馆:北京鲁迅博物馆

文物揭秘:鲁迅先生曾经在上海、绍兴、广州、北京等多个城市居住过,他在北京居住的时间不算太长,但北京的鲁迅旧居有着别样的意义。这座民居现在是北京市西城区的北京鲁迅博物

图 1.4.4　北京鲁迅旧居

馆（图1.4.4），是鲁迅购买并亲自设计改建的一所普通的北京四合院，2006年被列为全国重点文物保护单位。

院子里的房屋是鲁迅设计改造的，院子里的井是鲁迅先生自己打的，院子里的许多树也是他亲自种下的。1924年5月25日至1926年8月26日，鲁迅先生在此居住。这期间，他共写作、翻译了230多篇文章，为培养大批文学新人付出了辛勤的劳动。

图 1.4.5　鲁迅的书房"老虎尾巴"

小贴士：抱厦是房屋前面加出来的门廊，也指后面毗连着的小房子。

院内正房位于第一进院北侧，坐北朝南，面阔三间。正房后檐连接着一间平顶抱厦（shà），俗称"老虎尾巴"（图1.4.5）。这间"老虎尾巴"面积不足十平方米，是鲁迅的卧室兼书房，鲁迅称它为"我的灰棚"。屋内东面墙上悬挂着一张照片，这是鲁迅先生的良师——日本仙台医专的教授藤野严九郎，也就是《藤野先生》一文的主人公。鲁迅经常伏案挥笔的书桌，是一个普通的三屉桌，桌上有砚台、毛笔、茶杯、烟缸等物品。最引人注目的是桌上那盏中号煤油灯，在煤油灯微弱的亮光下，鲁迅度过了许多不眠之夜，写下了杂文集《华盖集》《华盖集续编》，小说集《彷徨》的大部分和散文集《野草》等。

> **拴马桩**
> 年代：清代
> 地址：陕西省西安市长安区五台古镇
> 所属博物馆：陕西省关中民俗艺术博物院

文物揭秘：拴马桩是广泛流传于陕西渭南民间的石雕品，也称"拴马石"，在农家宅院门前，多用以拴马、牛等牲畜。

也许你会纳闷儿，这么平凡的东西，有什么可说的呢？不知道吧，陕西省的关中民俗艺术博物院（图1.4.6）收藏了8000多个精美的拴马桩，这些石雕艺术品被人们称为"地上兵马俑"！拴马桩多是用灰青石、黑青石制成，少数用细砂石。大型的

图1.4.6 关中民俗艺术博物院

拴马桩能有 3 米高，中型的高约 2.6 米，小型的也有 2.3 米高。8000 多个这样的大家伙摆在一起，你能想象出这种壮观的场面吗（图 1.4.7）？

我们被称为"地上兵马俑"！

图 1.4.7 拴马桩

拴马桩的桩头一般都有石雕，这也是其最具艺术价值的部分。石雕的题材非常广泛，有以神话故事人物为题材的，如寿星、刘海等；有以动物形象为题材的，如狮、猴、鹰、象、牛、马等；还有人与动物组合的雕像，最为精彩的是人骑狮像，石狮子生动活泼，人物五官及衣饰精美细致，所持物件如烟斗、如意、琵琶、月琴等都很逼真。

关于拴马桩，还有一个特别有意思的传说：不少拴马桩上雕刻着猴子（图1.4.8），你知道它有什么含义吗？孙悟空在天庭里做的是什么官？弼(bì)马温！弼马温者，辟马瘟也。《晋书·郭璞传》中记载了神猴医马的故事，大意是一个将军的战马死了，他按照郭璞的指点寻得神猴，猴子嘘吸马鼻，将死马医成活马。

小贴士：郭璞，东晋学者，爱好古文，精通天文历法，且擅长诗赋。

图1.4.8 猴形拴马桩

那么，这个传说是不是天方夜谭呢？其实，把猴子和马养在一起是有一定依据的，马的性格比较安静，而猴子天生好动，让猴与马共处，的确有增强圈马免疫力的作用。由此说来，《西游记》里的故事真的不是无中生有呀！

风狮爷
年代：清代
地址：台湾省金门岛

文物揭秘：风狮爷（图1.4.9），又称风狮、石狮爷、石狮公，是福建、台湾等地设立在建筑物的屋顶、路口或村落高台等处的狮子像，用来替人、家宅、村落辟邪镇煞。其造型据推测是由庙宇门口的石狮形象演变而来，狮子为百兽之王，因而其形象被用作辟邪招福。

金门现存风狮爷64尊，分布在49个古镇聚落里。对风狮爷的崇拜是从明末清初开始兴盛的，当时金门几经战乱，全岛沙漠化十分严重，风沙四起，村民们就在村庄外挡风的位置树立风狮爷崇拜祈福。

屋顶风狮爷是风狮爷的一种，其造型多为狮背上骑有一名弯弓拉箭的武士。据《台湾通史》记载，狮背上的武士传说为

图 1.4.9 风狮爷

第一章 民居建筑

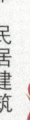

49

上古战神蚩尤,有驱邪之意。也有人说狮背上的武士是由《封神榜》中的申公豹或黄飞虎演变而来。此外,"风狮"又与民间的风神"风师"同音,在人们心目中,他具有镇风止煞、祈祥求福的法力。故屋顶风狮爷又被称为镇邪(煞)将军。因为白蚁可借助风力传播,金门居民也以信奉风狮爷来祈求减少蚁害。

第二章
皇家建筑

灵沼轩俗称"水晶宫",当时的构思是以钢为框架,以玻璃为墙和地砖,墙与地砖的夹层中均蓄水养鱼,以供观赏。

博物馆里的中国

建筑传奇

中国历朝历代的皇帝都要大建宫殿，自商周至清代，莫不如此。我们听说过秦代的阿房宫绵延百里，也听说过汉代的长乐宫、未央宫，唐代的大明宫宏丽壮观，但你也许不知道，中国古代甚至还有一套指导历代王朝建造皇宫的理论，见于《周礼·考工记》。这本书中说："匠人营国，方九里，旁三门，国中九经九纬，经涂九轨，左祖右社，面朝后市……"看，这书把皇宫的规格、朝向、配置说得清清楚楚、明明白白。

为什么历代的统治者都如此重视宫殿的营建呢？这是因为他们要突出君权神授的观念，突出自己至高无上的统治地位。所以，他们会将当时最先进的技术和工艺都投入宫殿的营建中去，将其修建得富丽堂皇、规模庞大。古人讲"不睹皇居壮，安知天子尊"，说的就是这个意思。

对于历代皇帝来说，宫殿既是他们的家，也是他们的"办公室"，所以一点儿都不能含糊。中国宫殿的建造布局依循的是《周礼·考工记》中理想化的功能要求，体现以家治国的原则和家国统一的思想。

中国古代的都城和皇宫一般是这样设计的：皇城南北分为外朝和内廷，东西分几路纵列，俯瞰皇宫就像一个九宫格，形成众星拱月的布局，体现了封建统治阶级的最高营建

法式;建筑设计遵从"礼"的规范,表达出君臣之间尊卑高下的关系;外朝与内廷的区分,是要掌握宏伟辉煌与纤巧简朴之间的差距和分寸,从而达到主次分明、对比和谐的最佳艺术效果。

《周礼》上还记载了"三朝五门"的规矩,大概意思就是说皇城有五道大门,有三重宫殿。这套规矩一直都有,但不是一直都被各朝皇帝惦记着,它在隋唐和明清时期尤其受重视。

话说回来,为什么皇帝们那么愿意接受《周礼》的指导?因为我国古代的统治思想是儒家思想,而《周礼》正是儒家的重要典籍呀!

以北京的皇城故宫为例,它以大明门、承天门(后改称天安门)、端门、午门、奉天门(后改称太和门)象征五门,以奉天殿(后称太和殿)、华盖殿(后称中和殿)、谨身殿(后称保和殿)三大殿象征三朝。

建筑饱览

巍峨的皇城——北京故宫

北京故宫位于今天的北京市区中心,旧称"紫禁城",是明清两代的皇宫。它是我国现存规模最大、最完整的古建筑群，始建于明永乐年间，后经多次重修与改建，先后有明、清两代的 24 位皇帝在此登基执政。

它是这个样子的——

北京故宫（图 2.2.1）占地约 72 万平方米，建筑面积约 15

这里有九千多个房间！

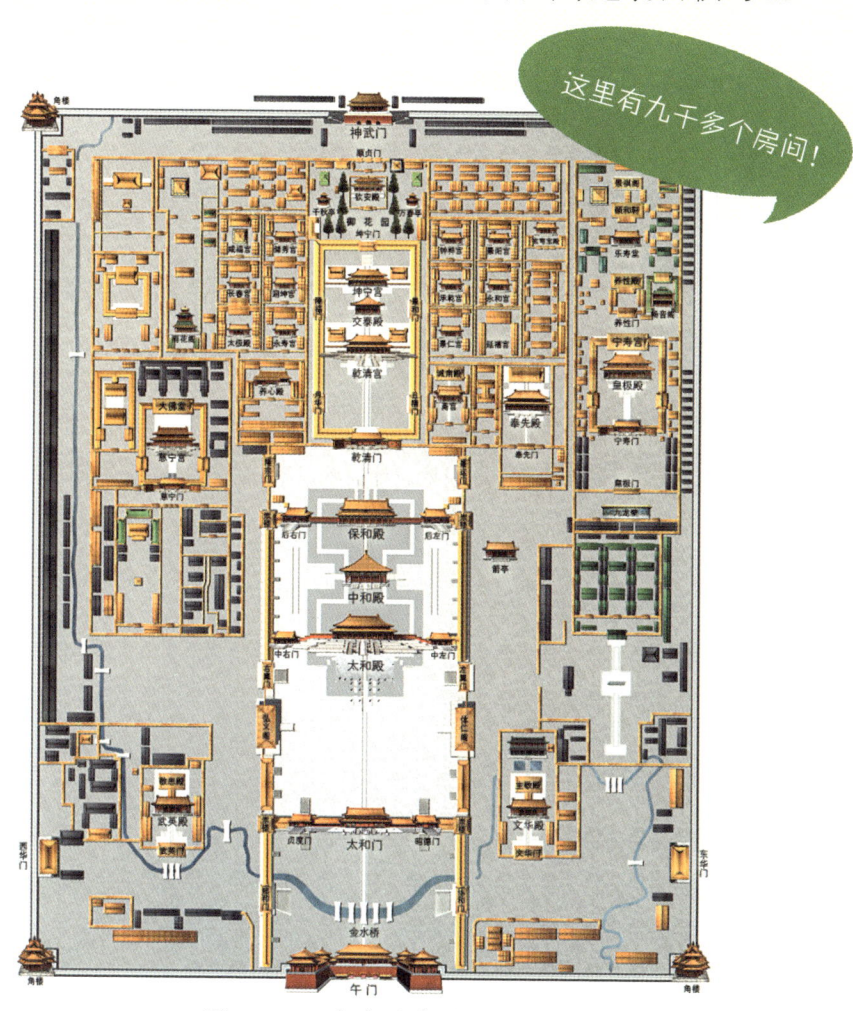

图 2.2.1　北京故宫平面图

万平方米。不知道你是否想过，假如你住在北京故宫里，每天换一个房间住，要把所有房间都住一遍大概需要多少天？答案是需要 20 年以上，因为这里共有屋宇 9000 余间！故宫周围的宫墙高 10 余米，长约 3 千米。宫墙四角矗立着风格绮丽的角楼，墙外还有宽 52 米的护城河环绕。整个建筑群气势宏伟，布局开阔对称，内外装饰富丽堂皇，是我国古代建筑艺术的精粹。1961 年，故宫被公布为全国重点文物保护单位，1987 年被列入《世界文化遗产名录》。

结构中的奥秘

故宫是世界上规格最大、保存最完整的古代木构建筑群，而且它规划得非常严谨，安排得非常科学。这些宫殿沿着一条南北向中轴线排列，并向两旁展开，南北取直，左右对称。这条中轴线不仅贯穿紫禁城，而且南达永定门，北到鼓楼、钟楼，贯穿了整个北京城。俯瞰京城，真是宏伟壮观！国内外建筑学家都认为，故宫的设计与建筑实在是无与伦比，它的平面布局、立体效果以及形式上的雄伟、庄严、和谐，都是罕见的。它是我们祖国悠久历史文化的见证，显示着 600 多年前匠师们在建筑上的卓越成就。

故宫的宫殿基本可以分成前后两个明显的部分，前为外朝（包括中朝），后为内廷，外朝和内廷的建筑风格迥然不同。外朝是皇帝举行登基等重大仪式、召见群臣商议国事、行使国家大权的场所。

外朝一览

我们走到午门,这就算开始进入外朝。午门的城墙上建着大殿,左右顺延,有五座城楼,这五座城楼俗称"五凤楼"。高大的城墙加上城墙上威严的城楼,让人一到午门前就不自觉地产生一种敬畏感。

过了午门,正北是宏伟的太和门,前方的脚下是一座雕琢精美、形似玉带的桥,也就是金水桥。过了太和门再往北,我们的视线豁然开朗,这一大片宫殿就是以太和、中和、保和三大殿为中心,文华殿、武英殿为两翼的外朝主体建筑群。

先来看看太和殿(图 2.2.2)吧。我们都知道一个名词——

> 我可是完全对称的哟!

图 2.2.2 太和殿

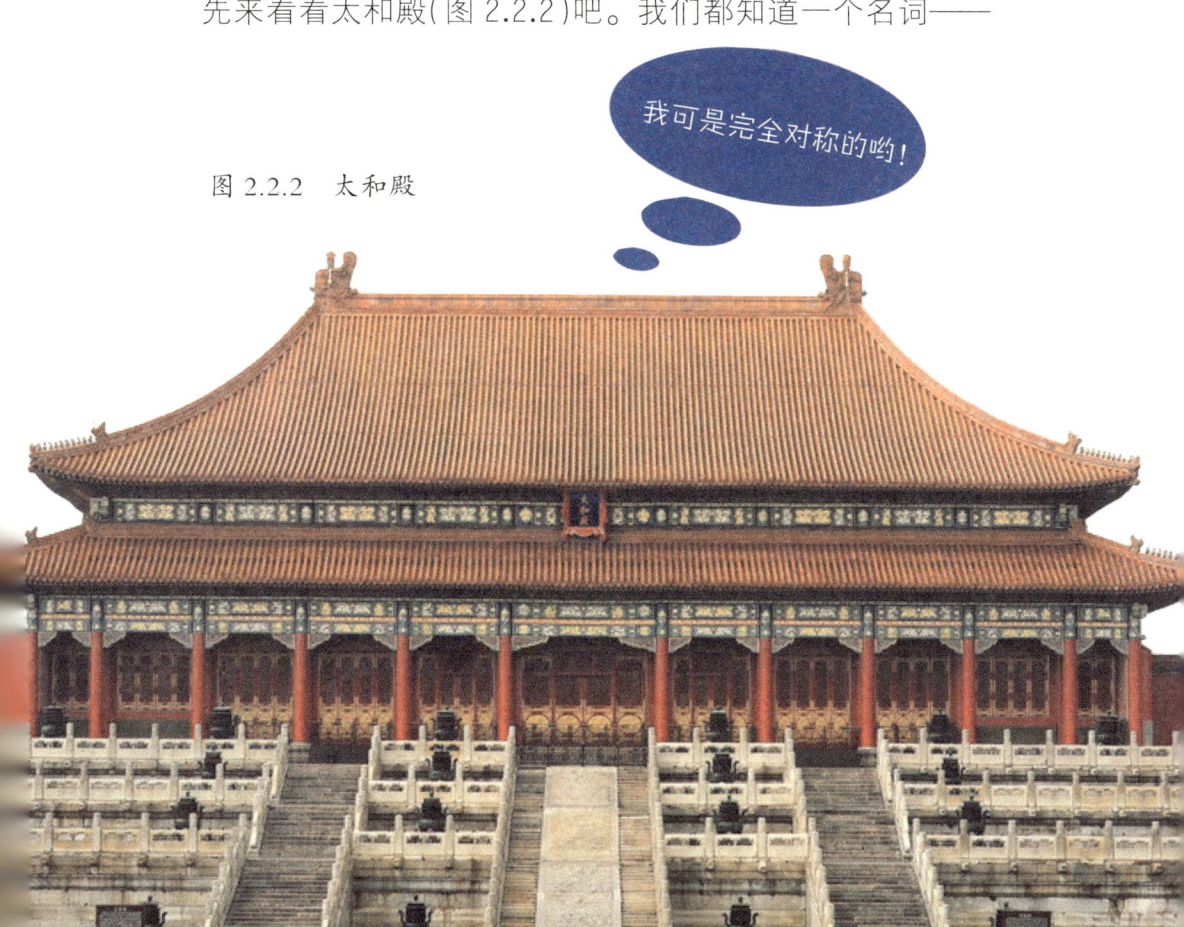

金銮殿。在民间的传说和谚语中,金銮殿仿佛成了皇帝上朝或办公用地的代名词,而故宫中的金銮殿就是这太和殿!太和殿初建于明永乐年间(15世纪初),康熙三十四年(1695年)重新修建。它建在三层汉白玉台基之上,台基四周环绕着云龙望柱,远望雄伟壮丽,真如同天上宫阙。

太和殿两边的石阶当然是登上大殿的台阶,那正中的这个斜坡是什么?这可绝不是我们今天方便轮椅上下的无障碍通道,它是皇帝出行的专用道路,皇帝出入大殿时,用轿子抬着从这块石雕上经过。太和殿高35米,宽63米,面积2377平方米,是我国最高大宏伟的木构建筑。殿内富丽堂皇,气势巍峨。殿正中的金漆雕龙宝座是封建皇权的象征。不过话说回来,虽然它在影视剧里常常出现,但实际上,皇帝平时也不是有事没事都坐在上面的,只有即位、诞辰、节日庆典和出兵征伐等重大国典才会在太和殿举行。

中和殿是皇帝在前往太和殿途中的小憩(qì)之处,皇帝会先在这里接受内阁、礼部及侍卫执事人员的朝拜。

保和殿(图 2.2.3)则是皇帝宴请外藩、王公贵族和京中文武大臣的地方。清代后期这里也变成了考场,皇帝会在这里专门对那些参加殿试的高才生们进行考核,最后考察、选定殿试三甲,也就是我们常说的"金榜题名"。

图 2.2.3　保和殿内部

过了保和殿,我们再往后走,会不会发现景致有点儿不同了呢?对,我们到内廷啦!内廷是皇帝日常处理政务的地方,也是皇帝一家子(包括皇后、嫔妃、皇子等)居住和活动的场所。内廷的主体建筑有乾清宫、交泰殿、坤宁宫。乾清宫东西各有六组院落,自成体系,即东六宫和西六宫。慈禧太后就曾经生活在西六宫中的储秀宫(图 2.2.4),她曾在光绪十年(1884 年)50 岁寿辰时重修这座宫殿,花了足足 125 万两白银!

东六宫以南有奉先殿、斋宫、毓庆宫,西六宫以南有养心

慈禧太后曾经在这里生活哟!

图 2.2.4　储秀宫内部(局部)

殿。养心殿是皇帝居住和处理日常政务的地方，共由三间组成，正间为皇帝接见官员、商议朝政的地方，西间是皇帝阅览奏折和议事处，东间在同治、光绪两帝执政期间，是慈禧太后垂帘听政的地方。东六宫之外有宁寿宫、养性殿等一组建筑，俗称外东路；西六宫以西有慈宁宫、寿康宫、英华殿等。

说到这里，有个问题要考考大家：我们前面说了，清代的皇帝居住在养心殿里，那么清代的皇后住在什么地方呢？大家看过电视剧《还珠格格》吗？在老版《还珠格格》中，那个狠毒的皇后娘娘住在坤宁宫，而在新版《还珠格格》中，皇后娘娘搬到了景仁宫。这到底是怎么回事？原来原书作者琼瑶在重拍《还珠格格》时查阅了史书，发现了自己先前的错误，因而对作品进行了修改。而实际上，我们前面那个问题的答案是——清代的皇后随便住，东西六宫随她挑！这个答案没想到吧？

皇帝的后花园

既然是皇家的居所,当然要追求环境美,所以故宫的内廷一下子就修建了四座花园,分别是宁寿宫花园、建福宫花园、慈宁宫前的慈宁宫花园以及中轴线末端的御花园。下面我们来看看这四座花园中最高端、大气、上档次的御花园,这也是紫禁城内最具特色的园林。

御花园位于紫禁城中轴线的最北端,坤宁宫后面。它规模宏大,而且颇有点儿古代"世界之窗"的意味,仿天下名胜而建,建筑虽多但不呆板。御花园以钦安殿为核心,在其左右对称排列着近20座亭台楼阁,疏密有度,玲珑别致,其中以万春亭和千秋亭、澄瑞亭和浮碧亭(图 2.2.5—图 2.2.6)最具特色。

图 2.2.5　千秋亭

图 2.2.6　浮碧亭

看我景致各不同!

这两组亭子东西对称,浮碧和澄瑞两个方亭跨于河上,万春和千秋上圆下方,体现了天圆地方、四时变化的传统观念。

御花园里还布置着各种奇石佳木,尤其是藤萝、古柏,可都是数百年之物!有了这些来自大自然的珍宝,整个花园被装点得更加情趣盎然。这里还遍布各色奇形怪状的山石盆景,绛雪轩前甚至还有个远古的木化石盆景,尤其珍贵。园中的彩色石子路也不是随手铺就的,仔细看,你会分辨出不同的图形。御花园的石子路上共有 900 余幅图案(图 2.2.7),包括戏剧、景

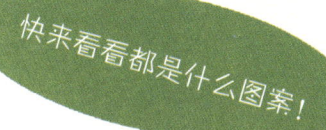

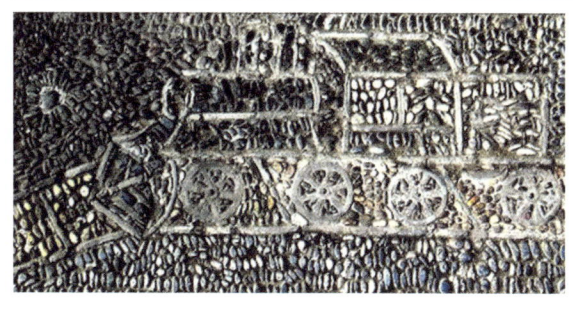

图 2.2.7 石子路上的图案

物、花卉、交通工具、神话传说等多种题材,精妙无比。

抬头看,你看到御花园里最高处的那个漂亮亭子了吗?那是全园的最高点,名叫御景亭。中国古代重阳节讲究登高,所以每到重阳这天,皇帝便会带着他的后妃们到御景亭登高赏玩。

故宫规制宏伟,布局严整,建筑精美,富丽华贵,收藏了许多稀世文物,是我国古代建筑文化艺术的精华。

仅次于皇家建筑的王公府第——恭王府

除了皇宫,皇家建筑的另一个重要组成部分是王府。接下来我们就去欣赏一下北京的一座典型的清代王府——恭王府。

清代的封藩制度比较有特点,只赐封号,不给封地,所以所有的"王"们一律住在京城之内。而更令"王"们郁闷的是,他们只有王府的使用权,并没有产权,所以想卖房是没门儿的,因为王府属于国家财产,而他们自身一旦被削爵、降职,王府还会被收回。

王府和皇宫一样吗

王府当然不能和皇宫一模一样。《大清会典》里明确规定了清代王府的各类指标,从围墙有多高、门楼有多大,到大门上有多少颗钉子,全都进行了严格规定。

王府的正殿俗称"银安殿"（图 2.2.8），殿内设宝座，后列屏风三扇，上面绘有金云龙。正殿后面是后殿五间，也叫"神殿"，东间是王爷结婚的洞房，西间是祭祀场所。还有后照楼七间，也叫"遗念殿"，是供奉祖先遗物处，佛堂、祠堂都设在这里。王府的东西跨院一般用作花园和住房。

它是这个样子的——

恭王府位于北京市前海西街 17 号，是清道光帝第六子恭亲王奕䜣的王府宅院。这所府第的前身是和珅的家宅，后为庆

图 2.2.8　银安殿

郡王永璘的府第,咸丰二年(1852年)成为恭亲王奕䜣的府第。府第坐北朝南,前为府宅,后为花园。

恭王府的府宅和花园均可分为中、东、西三路,占地面积六万多平方米。今天的恭王府,正殿和东西配殿为近些年复建,后殿的锡晋斋是原建的(图2.2.9),也是恭王府最高档的房屋。这里的家具多用楠木制成,相传是当年和珅所建。因为和珅把这间房屋修成了等同于皇宫房间的规格,所以皇帝心里很别扭,这也成了他后来的罪状之一。

在葆光室与锡晋斋之间有一座垂花门,垂花门南有竹圃,

图2.2.9 最豪华的房间
　　——锡晋斋

北有海棠。在长 160 多米的后罩楼上还辟有什锦窗（图 2.2.10），形式各异、砖雕精细，是这里最显眼的景致。

图 2.2.10　恭王府的什锦窗（部分）

王府的后花园

再往后走,我们便到了恭王府花园——萃锦园。这个花园的正门在园子南边,是西洋式拱券(xuàn)门(图2.2.11)。园中有奇特的蝙蝠形水池,有康熙御笔题字的石碑,还有大型假山。

图 2.2.11　恭王府的西洋门

花园东路正门是垂花门,门外右前方有一座八角攒尖顶的流杯亭,名叫"沁秋亭"(图2.2.12)。"流杯"是古人经常举行的一种饮酒赋诗的娱乐活动,人们会在弯曲的水槽中放入酒杯,任其漂流,酒杯停在谁的面前,谁就得赋词饮酒。

图 2.2.12　沁秋亭及亭内水槽

69

最别出心裁的是花园西路正门被修成了城门洞形,叫作"榆关"。关墙像一面城墙,墙的两端连接着青石假山,看上去既粗犷又威武。

恭王府的设计极富意趣。府第富丽堂皇,花园风景幽深,斋室轩院各有千秋,园内散置叠石假山,清池流水,显示出了一份闹市中的清幽。

举世无双

故宫屋顶的小兽

不知你是否留意过,故宫各处宫殿的房顶上有各种各样奇形怪状的小动物的形象。这些小动物究竟有什么特殊含义，它们又是什么呢？

相传明成祖朱棣修建紫禁城时，玉皇大帝曾经下赐"飞禽走兽"镇守紫禁城。紫禁城建筑群的殿脊和屋脊上的动物主要有正吻（图2.3.1）和脊兽。正吻是宫廷屋顶正脊两端的装饰件，龙头、龙口咬住正脊，用来防火镇水。脊兽则是紫禁城大小宫殿的檐角上装饰的琉璃雕饰件。据《大清会典》介绍，这些琉璃釉面小兽的排列顺序为龙、凤、狮、天马、海马、狻猊（suān ní）、押鱼、獬豸（xiè zhì）、斗牛、行什（háng shí）。

图 2.3.1　故宫太和殿上的正吻

在这些小兽前面,还有一位骑凤的仙人。相传战国时期齐国国君齐湣(mǐn)王有一次打了败仗被追兵紧逼,逃到江边,危急中遇到一只大鸟。于是他骑上大鸟,渡江而去,化险为夷。将骑凤仙人安排在小兽们前面,有腾空飞翔,祈愿吉祥之意。其实,这骑凤仙人是固定瓦当用的。

小兽的排列也是有寓意的。

龙、凤	代表至高无上的尊贵
狮子	寓意勇猛、威严
天马	象征尊贵
海马	象征忠勇、吉祥
狻猊	保佑平安
押鱼	兴风作雨、灭火镇水
獬豸	象征公正无私
斗牛	灭火、防水
行什	降魔、防雷、镇火

图 2.3.2 故宫里的"仙人走兽"

脊兽的等级、大小、数量、次序等都有严格的规定,如在故宫太和殿的角脊上,排列着 10 个琉璃坐姿小兽(图 2.3.2),成双数,是最高等级。乾清宫地位仅次于太和殿,脊兽减去"行什",为 9 个;坤宁宫的脊兽为 7 个,东西六宫是后妃居住的地方,脊兽为 5 个。

其实,这些小兽不光起到装饰的作用,还是防止屋顶被雨水侵蚀的重要部件,是建筑匠师把实用构件与艺术造型巧妙结合的典范。

样 式 雷

清代的皇室建筑之所以恢弘壮观,在相当程度上要归功于它的"秘密武器"——"样式雷"。

哈,"样式雷"可不是什么武器,而是指负责皇家建筑工程设计的雷氏家族。

雷氏始祖雷发达是江西建昌人,他因为建筑技艺高超而进入朝廷的样式房工作。"样式雷"家族世袭主持了故宫的改造设计以及三海、圆明园、颐和园、静宜园、承德避暑山庄、清东西陵等皇家建筑的营造。今天的媒体给予了"样式雷"更高的赞誉,称他们是"中国两成世界文化遗产的设计者"!"样式雷"家族不仅设计水平优秀、图档设计精准,还有一项很神奇的拿手绝技——烫样(图 2.3.3)!

下图就是"样式雷"制作的一个比较简单的烫样,是不是

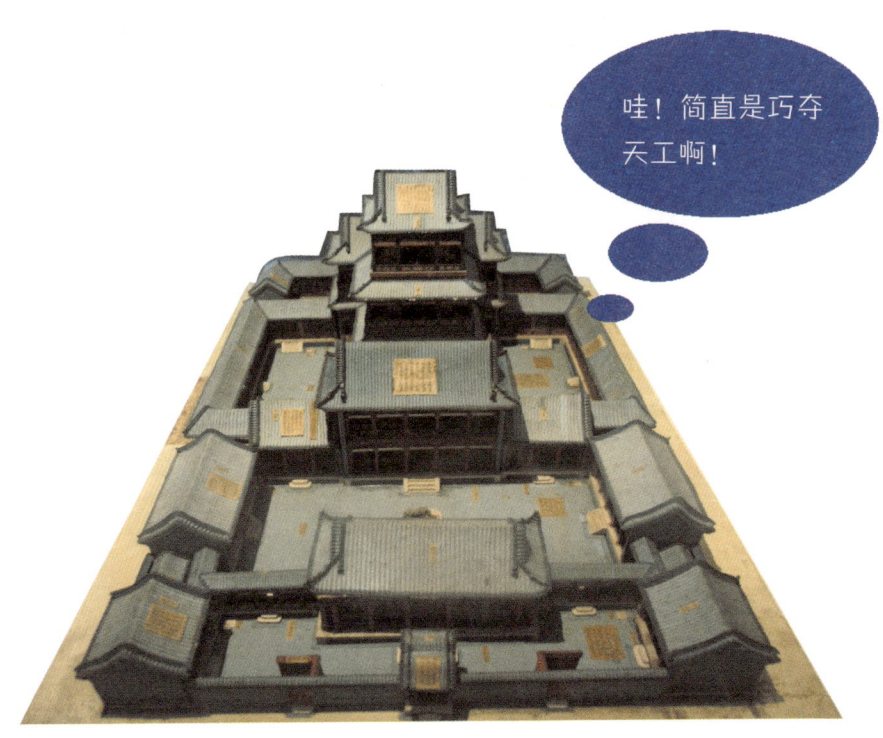

图 2.3.3 "样式雷"烫样

非常精致？那个年代可不像现在有各种各样的材料可以用来制作模型，雷氏家族使用的原材料是草纸板、木料、秫秸（shú jie）等，采用热压工艺成型，古称"烫样"。

"样式雷"制作的模型极其精细，不但能将台基、瓦顶、柱子、门窗如实反映出来，甚至连床榻、桌椅、屏风、纱橱都赫然入目。

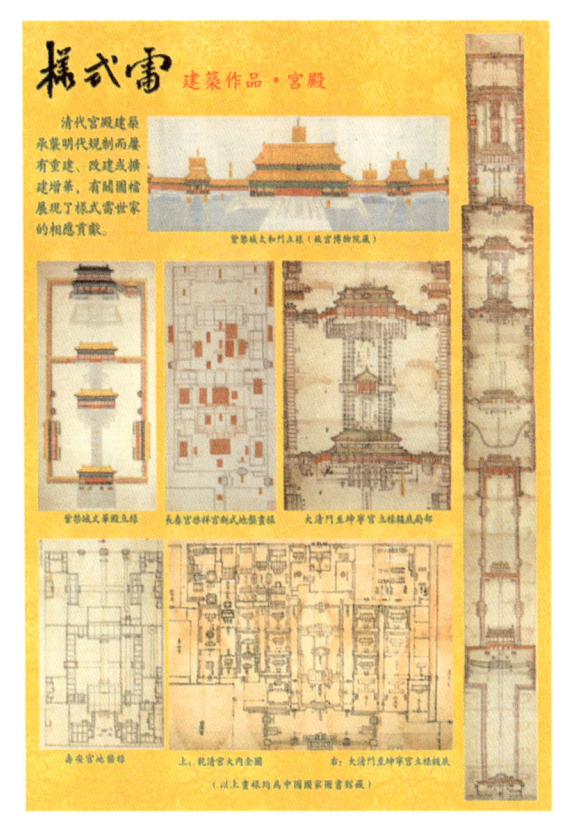

图 2.3.4 "样式雷"图档

这些大大小小的零件都是严格按照 1∶100 或 1∶200 的比例制作的，而且可以拆装。皇家要兴建什么建筑，先用"样式雷"的模型找感觉是必须的！清代第一模型家族，大概非"样式雷"莫属了吧。

数百年过去了，"样式雷"给我们留下了大量的图档（图2.3.4）和建筑模型，这对中国古代建筑史的研究、相关文物的保护和复原均有巨大的价值！

算 房 高

  与设计清代皇家建筑的雷家叫"样式雷"一样,掌管清廷内务府账目的高家被称为"算房高"。清代的皇家建筑工程由内务府负责,下设"样式房"和"销算房"等机构。样式房负责设计,销算房则根据样式房提供的图样,算出需要多少工、多少料,从而做出合理的预算。

  "算房高"就是销算房的主力,他们家族的代表人物高兰亭执掌内务府销算房达 50 年之久,官至三品。如果说"样式雷"是模型高手,那么"算房高"就是算术天才。天坛的祈年殿、西苑的三海、慈禧太后及光绪皇帝的陵寝、正阳门的城楼、圆明园的海晏堂等工程的预算工作都是由"算房高"负责的。他们的销算结果能达到怎样的精确度呢——预算耗材与实际工程耗材只相差一两块砖!

这不仅体现了他们高超的预算能力,更体现了他们严谨的工作态度。而且以现代人的角度来看,"算房高"的工作绝不仅仅是算术,他们还必须是建筑设计、工程管理的能手。这样的人才,就算现在也是稀缺的呀!

还有一点要特别提到的是,"算房高"的代表人物高兰亭非常重视档案积累,他把工程的各项细节都记录在案,还保存了很多建筑的平面图、立体图,甚至室内陈设记录等等,这些都为我们今天研究古建筑提供了帮助。

博物馆里的中国

建筑一角

故宫角楼
建筑年代：明代
建筑地址：北京市东城区景山前街4号
所属博物馆：故宫博物院

密

文物揭秘：紫禁城的标志是什么？不同的人可能会说出不同的答案，不过很多人大概都会认同这里——角楼（图2.4.1）。紫禁城城墙的四角上各有一座玲珑奇巧的角楼，这些角楼与城墙、城门楼及护城河共同组成皇家宫殿的防卫设施。角楼高27.5米，它的房顶形状非常奇特。

图 2.4.1　故宫角楼夜景

下图这种屋顶在中国传统建筑中被称作"歇山顶"(图2.4.2),而紫禁城角楼的屋顶则是由多个歇山顶组成的复合式屋顶。角楼的正脊呈现出十字交叉的形状,上有鎏金宝顶,下加黄琉璃瓦三重檐。上层檐为纵横相交的十字歇山顶(图2.4.3),二层檐四面各加了一个歇山式抱厦,下层檐四面采用半坡腰檐,也有抱厦。角楼内部还有彩绘装饰,门和槛窗也精巧别致。

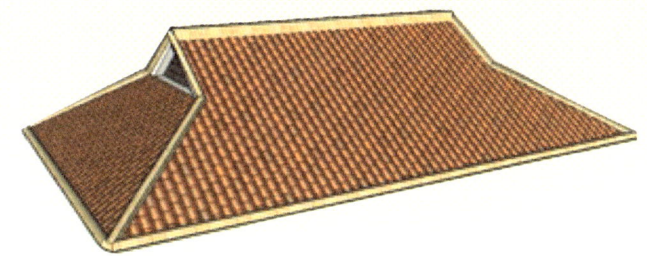

图 2.4.2　歇山顶式屋顶示意图

两个歇山顶十字交叉就成了角楼这样的十字歇山顶喽!

图 2.4.3　十字歇山顶示意图

紫禁城的角楼造型优美，结构复杂，它有成百上千个构件，以榫卯相连，严丝合缝，传说角楼有"九梁十八柱七十二条脊"，是巧夺天工的杰作。角楼的各部分比例协调，檐角秀丽，造型玲珑别致。

浴德堂
建筑年代：元代
建筑地址：北京市东城区景山前街4号
所属博物馆：故宫博物院

文物揭秘：故宫武英殿西侧有一座神秘的小殿堂，面积并不大，名叫"浴德堂"（图2.4.4）。光看名字，你能猜出它最初是做什么用的吗？没错，它曾是个古代浴室，也是北京现存的最早的皇家浴室。这座古代浴室内壁砌满了白釉琉璃砖，后面有个被小亭子覆盖的水井。堂后壁还筑有一个烧水用的壁炉，用铜管将水通入室内。

从构造上看，浴德堂属于阿拉伯式建筑，所以有人传说它是乾隆为其宠妃香妃建造的，但事实并非如此。要知道，它位于故宫的外朝，而外朝是处理国家政事的地方，妃嫔不得擅入，即使是慈禧太后垂帘听政，也只能在内廷养心殿进行。所以，乾隆怎么会把妃子的浴室建在这里呢？

图 2.4.4　浴德堂

　　古建筑专家单士元先生经过考证，提出了一个大胆的结论：浴德堂既不是清代建造的，也不是明代建造的，它其实是元代皇宫的遗物！因为明清故宫是在元大都宫殿的基础上兴建起来的，而浴德堂的所在地正是元代宫城外西南的留守司一带。留守司是当时较大的政治机构，建筑较多，并配有浴室，而浴德堂独特的结构与元代对宫廷浴室的记载极其相似。单士元先生还提出了另一条依据：明清两代多用黄绿两色的琉璃砖，可浴德堂内部满砌着白色琉璃砖，而元代是尤其喜用白色琉璃砖的。后来，维修工人在浴德堂附近的地下发掘出了元代白色琉璃瓦片，与浴室琉璃砖材质相似，证实了这一说法。

这里再说句题外话，堂后的那口井，由于多年汲水，石头井圈上被绳索磨出了十几道深达五至六厘米的沟槽，要不是经历数百年的使用是不会出现这种情况的，真是水滴可以石穿，草绳也可以磨石呀！

灵沼轩
建筑年代：清代
建筑地址：北京市东城区景山前街4号
所属博物馆：故宫博物院

文物揭秘：右上方图（图2.4.5）中的奇特建筑又有什么玄机？它是灵沼轩，是故宫中为数不多的西洋式建筑。它的前身是东六宫之一的延禧宫，因在清代末年屡遭火灾，当时的隆裕皇太后在宣统元年（1909年）斥资掘池蓄水，想用水池来镇压火灾，并在水池中修建了一座中西合璧式的殿堂，隆裕亲自题匾额为"灵沼轩"。

灵沼轩俗称"水晶宫"，当时的构思是以铜为框架，以玻璃为墙，墙的夹层中均蓄水养鱼，以供观赏。可以说，这在当时是一种很新潮、很前卫的高超设计。不过，灵沼轩还未完工，辛亥革命就开始了，加之国库空虚，因而停工。1917年张勋复辟时这里遭炸弹袭击，又受重创。

图 2.4.5 灵沼轩

尽管如此,今天的灵沼轩仍有别致秀丽之处,它外侧围廊及顶部小亭为铁质,门窗为西式拱券形式,细部装饰为中国传统的建筑样式,充分体现了中西合璧的美感。

普度寺
建筑年代：清代
建筑地址：北京市东城区南池子大街东侧普度寺前巷35号
所属博物馆：北京税务博物馆

文物揭秘：要说北京城内最命运多舛的建筑，大概普度寺（图2.4.6）算得上一个。这里原本不是寺庙，明代时，这里是皇城东苑的一部分，叫作洪庆宫。"土木之变"后明英宗从蒙古被释放回来，就曾居住在这里。后来英宗发动"夺门之变"夺回政权后，将景泰帝囚禁于此。

明代末年，洪庆宫毁于战火，清廷在废墟上建立起了多尔

图 2.4.6　普度寺

衮的睿亲王府。可没过几十年,多尔衮被定罪削爵,曾经的睿亲王府又被改建成了玛哈噶(gá)喇(意为大黑天护法神)庙。乾隆四十年(1775年),这座庙被赐名为"普度寺"。

然而,这座别致的寺庙没有受到很好的保护,在清末至民国这段时间被军队或其他机构使用,只剩下了山门、正殿、方丈院等保存较好,其余部分或拆或改,早已失去了原貌。

新中国成立后,这里又变成了小学和民宅。直到2003年,政府投资迁出了这里的小学和168户居民,这才全面修复了正殿、山门和方丈院,将其改建为北京税务博物馆。

普度寺建于砖砌高台之上,平均高约3米,这高台就是明代洪庆宫寝宫部分的基座,具有鲜明的明代特征。比较特别的是,其建筑主体既有清代王府的特征,又有寺庙的特征,正体现出它曲折的命运。普度寺最玄妙的地方是,这里有一个石砌的圆坑,坑直径4.8米,深1.5米左右,有石阶可下至坑底,坑口周边有8组石雕图案,雕刻着水波、神仙、怪兽等。亲爱的小读者,你能猜出这个圆坑是做什么用的吗(图2.4.7)?考古专家们推测,它可能是一种祭祀用的设施。

图2.4.7 普度寺中的神秘石坑

皇史宬(chéng)
建筑年代:明代
建筑地址:北京市东城区南池子大街136号
所属博物馆:中国第一历史档案馆

文物揭秘：随着时间的流逝、历史的前行,用于存放档案的建筑本身也成了珍贵的"档案",比如明清两朝的皇家档案馆——皇史宬(古代帝王的藏书室)。皇史宬(图2.4.8)始建于明嘉靖十三年(1534年),占地8460平方米,最初用来贮藏明代历朝皇帝的宝训、实录的正本,后来《永乐大典》的副本也保

图2.4.8　皇史宬

存在这里,清代移走了明代的实录,转而用来储存自己的实录、圣训等。

和普通皇家建筑不同,皇史宬全部用砖石建成,主要是为了防火,同时也为了附会古代国家藏书处为"金匮(guì)石室"的记载。殿身实际上是一个筒壳,正面开五个券门即入口,房顶两侧各开一个方窗。各门均为双层,外层石门,内层木门,殿内金匮用铜皮包裹樟木大柜制成,现存152具。皇室的宝训、玉牒(dié)、实录等文献档案都保存在这些柜中。

> 小贴士:
> 宝训:也称"圣训",是古代皇帝的言论、诏谕。明代时统称"宝训",清代称"圣训"。
> 实录:按真实的历史情况记录成书。
> 金匮:即铜质的柜子,古时用以收藏文献或文物。
> 玉牒:中国历代皇族族谱。

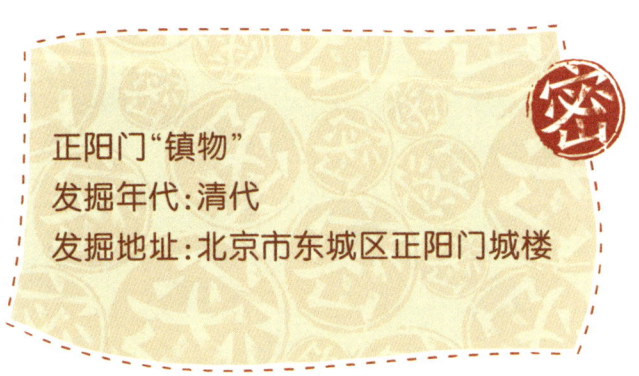

正阳门"镇物"
发掘年代：清代
发掘地址：北京市东城区正阳门城楼

文物揭秘：什么是"镇物"呢？那得先说说城郭。城郭是古代都市必不可少的护城设施，正所谓"筑城以卫君，造郭以守民"。明清时期北京的城墙和城楼如今多已拆毁，正阳门是现存最完整的城郭建筑。正阳门，俗称"前门"（图 2.4.9），原为北

图 2.4.9　北京正阳门

京内城的正南门,也是皇城的前导门,因而在北京诸城门中最为高大雄伟。正阳门原由城楼、箭楼、闸楼和瓮城组成,1915年拆除瓮城、闸楼。现存城楼是光绪二十六年(1900年)焚毁后重建的。近些年,在修缮正阳门城楼时,工匠们发现了一件神秘的宝贝,后来专家鉴定,此为"镇物"。

这个"镇物"(图 2.4.10)是一个银质宝匣,匣内放有金、银、铜、铁、锡五种元宝,红、黄、绿、白、黑五彩丝线,五色宝石,还有稻、黍、粟、麦、豆五种谷物和一卷《金刚经》。宝匣放置在正阳门正脊正中"龙门"的位置上,它到底是做什么用的呢?

图 2.4.10 正阳门的"镇物"

原来，古代人缺乏防雷和抗震知识，无法正确认识和解释建筑物，尤其是大型的皇家建筑可能会遭遇到自然灾害的状况，因而就想出了放置"镇物"的办法，以保佑建筑物安全。

这样看来，正阳门的"镇物"是祈福攘灾用的呀！

第三章
园林建筑

计成是当时一位优秀的画家，也是一个好奇心强的人，造园不仅是他的工作，也是他的兴趣所在。他不但注重实践，也注重从实践中系统总结理论。

建筑传奇

园林可以称得上是建筑界的艺术品,在这里,你可以看到各种建筑景观、植物、山石、水体等,它们经过艺术处理,极具观赏性。

中国古典园林,是中国传统建筑中的艺术瑰宝,它以人工模拟自然的方式,将天人合一的精神境界完美地体现出来。中国园林追求的是模拟自然而不留痕迹,人工与艺术搭配和谐,合理运用亭台楼阁、轩馆斋榭、山水池树等,反映出主人的心性、志趣。

中国的造园历史相当久远,目前考证到早期比较成熟的园林是春秋时期的园囿（yòu）。中国园林具有非常独特的风格，在文化史、建筑史和园艺史上都非常突出。中国园林主要侧重于"园"字，历史上不少君主、官员和民间大户人家都留下了相当杰出的园林作品，其中不少保存良好，如今已变成观光游览的古迹，北方以皇家园林为代表，南方以私家园林为代表。

恬静与奢华的极致——皇家园林

皇帝是封建国家的最高统治者，他居住和消遣的地方必定是高端、大气、上档次的，这里集最新的技术与先进的文化于一身，将自然与梦想融为一体。

明清两代，尤其是明代的嘉靖至清代的乾隆年间，商业繁荣兴盛，也是中国园林发展的鼎盛时期。这一时期不仅园林数量众多，在造园艺术上也达到了极高水平，被欧洲园林竞相模仿。

明代皇家园林建设的重

点在大内御苑,以万岁山、太液池为主。太液池原本只有两片水域:北海和中海,明代后,拓凿南海,使三海贯通,与新建的紫禁城南北长度相同,在紫禁城西部形成一道水面屏障。明代还在太液池沿岸和池中岛上增建殿宇,统称"西苑",与紫禁城之间只有一条长街隔开,构成宫苑相连的宏大布局。

　　清王朝定都北京后,对皇家园林的兴建一直没有间断,康熙、雍正和乾隆祖孙三代前后花了130年时间,在京城的西郊海淀附近建成了规模宏大的"三山五园"皇家园林区,其中包括皇帝的离宫御苑,如圆明园、畅春园;也有皇帝短期游玩的行宫御苑,如香山静宜园(图3.1.1)、玉泉山静明园、万寿山清漪园(后改名颐和园)。其中,圆明园面积最大,在五园中最为有名,全园有108个景点,规模庞大。它不仅融合了中国南北方的山水景色,甚至还把西洋式的建筑和景物布置在园子里,这种中西合璧的风格既迷住了中国皇帝,也

图 3.1.1　香山静宜园

倾倒了所有来访的外国人。

咫尺之地自成天地——明清私家园林

私家园林主要是为家庭和个人服务的。在古代中国，造园是一种普遍性的社会艺术活动，不管是达官贵人还是市井平民，多会在自己的能力范围内改造自家的后花园。对于古人来说，这其实就是家庭装修的一种，是利用山石、花木等自然物，经过巧妙的构思来美化生活环境的日常行为。想想看，在自家宅中构思出一小块美地，人工设计景观，以寄托家宅主人养志叙情的心怀，这该多美好！

中国的私家园林萌芽于西汉,兴起于魏晋南北朝,至明清时达到极致。与皇家园林不同,私家园林的特点是小巧玲珑、意趣饱满、构思奇巧。江南的私家园林中留存最多的是苏州,其次是无锡、扬州。中国园林以自然山水为特点,与欧洲几何式的园林形成鲜明对比,成为世界园林体系中的重要一支。

建筑饱览

中国园林乃至世界园林的典范——颐和园

颐和园的历史

北京的西北郊,西山峰峦连绵,它的余脉如屏障般怀抱着北京平原的西面和北面。这其中有两座小山岗格外引人注目,那就是玉泉山和瓮山。这两座山附近水量充沛,湖泊星罗棋布,山水相依,风光极为秀丽。早在1000多年前的辽金时期,这里就有了皇家的行宫别苑。到了1272年,元世祖忽必烈迁都到了北京(当时称"大都"),为了营造一个体面的新都城,他大力修整了北京西北郊的水系。渐渐地,这一带出现了越来越多的寺庙与园林,逐渐发展成为一处风景游览地。

乾隆皇帝爱"设计"

到了清乾隆十五年（1750年），乾隆帝也看上了这片风水宝地。他大刀阔斧地开展了一系列挖湖造山的工程，还修建起了堤坝、庙宇、亭台楼阁。他还将元代的瓮山更名为万寿山，瓮山泊更名为昆明湖。

正如古代造园家计成所说，三分匠，七分主人。建筑设计的主要成就还是由建筑的主人决定的。乾隆帝本身就是个人文和艺术修养较高的人，所以他对清漪园（后称颐和园）的营建也很有思想，完整地展现了古代中国人对于宇宙和人生的深入思考和在现实生活中的呈现，使清漪园以其恢弘的气势和精妙的景致成为中国园林乃至世界园林的典范。

清漪园1860年被英法联军摧毁，1886年经修复后，易名为颐和园,1900年又为八国联军所破坏,翌年重修。新中国成立后,颐和园又经重新修缮,面貌焕然一新。1961年,颐和园被公布为全国重点文物保护单位,1998年被列入《世界文化遗产名录》。

它是这个样子的——

从乾隆年间至今,200余年的时间,颐和园兴盛过,也衰败过。历经多次损毁和营造,今天颐和园(图3.2.1)内的景点及建筑已经和初建时不尽相同了,但是,它的大格局一直被保留着。

从某种程度上说,颐和园是一个富有浓厚哲学意味的园

图 3.2.1　颐和园雪景

林——它的整体布局就像是一幅太极图。

首先,我们从颐和园的整体布局来看,它北侧的万寿山被昆明湖环绕,其山后形成曲折清幽的后溪河;南侧的昆明湖水面广阔,湖上又有南湖岛等岛屿。这种布局,就叫作山中有水,水中有山。

除此之外,颐和园的细节设计中还包含着对立统一的哲理。如万寿山景区(图 3.2.2),前山布置着一系列高大雄伟的建筑,显得非常严谨,而后山景区却布置得非常随意;前山景区中轴线上的建筑多是高大巍峨的,人工气息很浓,而西区的云松巢等景点则依山势错落布置,野趣横生。

图 3.2.2　万寿山景区

总之，园内所有景致都可分为相对的两部分，这其中隐藏着自宋以来中国人对于宇宙的认知和诠释，使颐和园成为中国园林乃至世界园林的典范。

世界上最悠久完整的皇家园林——北海

北海的历史

西苑园林位于北京市中心地带，东邻故宫、景山，西接兴圣宫、隆福宫，北接什刹海。早在金代时，这里就修建了皇家离宫，元代建都后又进行了增修，明代则开挖南海，使太液池有了三海之称，其范围包含了北海、中海及南海地区，清代俗称"三海子"。由此，这里成了一处风景绮丽的皇家园林。

清代皇家园林的兴建更加兴盛，西苑三海因临近皇宫的地理优势和优美的自然环境而得到精心营建。乾隆时期，西苑呈现出千姿百态的景象，著名的"燕京八景"中，"琼岛春阴"

(图 3.2.3)和"太液秋风"(图 3.2.4)二景就位于这里。

图 3.2.3 《燕山八景图》之《琼岛春阴》
（清 张若澄作）

图 3.2.4 《燕山八景图》之《太液秋风》
（清 张若澄作）

如今，西苑的中南海部分已被辟为党中央及国务院办公地，而北海直到今天仍基本保持着乾隆时期的面貌，成为世界上历史最悠久、保存最完整的皇家园林。

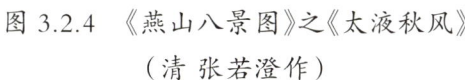

它是这个样子的——

北海是明清时期中国园林建筑文化的集大成者，是汉、蒙、满各民族融合的见证,是中国皇家园林文化和景观营造完美融合的典范。

北海以琼华岛(图3.2.5)为中心,周围水面共约39万平方米,占了全园面积的一半以上。琼华岛以道家神话传说中的"海上仙山"为原型,以佛教中的"大须弥山"为蓝本。白塔庄严高耸,似乎在统驭着整个北海。

图3.2.5　琼华岛

园东侧为"濠濮(háo pú)间",它的名字源于《庄子·秋水》中"游于濠梁之上"的故事。古代的设计师利用土山怪石、幽深小径,逐渐推出石坊、曲桥、水榭,徐徐展现出一幅宁静、古朴、自然脱俗的画面。自古园林奢华易、朴拙难,皇家园林更是如此,而此处景致极好地展现了道家保持本真的哲学思想。

北海公园中另一个有名的建筑是静心斋(图3.2.6),原名镜清斋,它的正门与琼华岛隔水相望,四周围绕短墙,南面为花墙,墙外就是辽阔的北海。

图 3.2.6　静心斋

入得园中,登楼远眺,北海景色尽收眼底,古刹钟声不时地从远处传来。静心斋以不同于江南园林的粉墙黛瓦,创造了一种清净雅致的艺术境界。

总之,北海公园既有"琼岛春阴"和"太液秋风"的主景,又有园中丰富的空间层次,还包含了中国文化中儒家为主,三教互补的思想。

北海是一座承载着悠久历史的皇家御园,也是一座汇集造园艺术的林苑典范。现在,它作为我国珍贵的文化遗产之一，带给我们游于画中的美感和文化的熏陶。

曲径通幽的私家花园——拙政园

下面让我们将视线转移到苏州，来欣赏一下私家园林中的佼佼者吧！

苏州造园历史悠久，名园众多，拙政园、网师园、留园、狮子林、沧浪亭等都是苏州的著名园林，我们先来看一下拙政园。

拙政园的历史

拙政园初建于明正德年间（16世纪初），距今已有500多年历史，1961年被国务院列为全国第一批重点文物保护单位，1997年被列入《世界文化遗产名录》。

拙政园位于苏州市娄门内东北街，这里最开始时是唐代诗人陆龟蒙的住宅，元代变成了大弘寺，明代御史王献臣在大弘寺的遗址上进行改建，为其定名"拙政园"。

拙政园建好了，可人们想不到的是，它坎坷的命运也由此开始了。自从王献臣的儿子一夜豪赌，把园子输给一个姓徐的人开始，500多年的时间里，它换了一批又一批的主人，从明清官吏到官府，从太平天国到淮军，从巨富豪商到军阀，景物跟着换了又换，园子本身也经历了几度分分合合。

王献臣之所以给园子取名"拙政园"，是取晋代潘岳《闲居

赋》中的一句话,"灌园鬻(yù)蔬,以供朝夕之膳……此亦拙者之为政也"。从其字义就可以看出,最初的拙政园应该像我们今天的田园农庄,属于自然简约型,追求的是田园风光。当时园中林木葱郁,水色迷茫,景色自然。园林中的建筑十分稀疏,仅"堂一、楼一、为亭六"而已。然而,这样的拙政园绝非简单的庭院,否则江南四大才子之一的文徵明也不会用心地依园中景物绘下31幅图画并配诗,作出《王氏拙政园记》。

拙政园面目的大改变始于康熙年间,新园主开始大兴土木,从此历代园主多有所建,全园也几经分割。面积越来越小,园主的要求越来越高,因而拙政园也就从最初的简朴素雅一步步发生变化。清代以来的拙政园,园林建筑明显增加,建筑也从单体趋向群体组合,庭院空间也趋向曲折变幻。从欣赏的角度看,它依然是美丽无双的(图 3.2.7),只是已与王献臣建园时的初衷相去甚远。

图 3.2.7　拙政园美景

它是这个样子的

今天的拙政园全园面积约 5.2 万平方米,虽然较最初的拙政园面积大大缩小,但它仍是苏州大型的私家园林之一。

拙政园共有东、中、西三部分。东部原称"归田园居",是因为明代末年,拙政园东部归侍郎王心一所有。如今,归园早已荒芜,全部为新建。

中部是全园的主体和精华所在,面积约 1.2 万平方米,水面约占三分之一,它的总体布局以水池为中心,亭台楼榭都临水而建,有的亭榭则直出水中,非常有江南水乡的特色。这里山明水秀,花木繁茂,园景自然疏朗,有远香堂(图3.2.8)、倚玉轩等十几处建筑,基本保持了明代造园的风格。

西部水面迂回,布局紧凑,同样有浮翠阁、留听阁、宜两亭等精致小巧的建筑。

苏州园林的共同特点是面积都不大,因此要在并不充裕的面积里营造出无限风光,实现以小见大的目的,就必然采用各种手段将空间分割,达到空间利用的最大化。在这一点上,拙政园是成功的。

图3.2.8 远香堂

举世无双

最早的园林艺术专著——《园冶》

中国的园林艺术源远流长，但直到明代末年，才出现了第一本园林艺术理论专著——《园冶》(图3.3.1)。《园冶》是我国明末杰出的造园家和理论家计成所著。计成生于江苏吴江，是当时一位优秀的画家，也是一个好奇心强的人，曾游历大江南北。

图3.3.1 《园冶》书影

虽然生活条件并不怎么好，但聪明的计成以替别人设计建造园林为生，倒也闯出了自己的事业。他所造的园林有吴玄的五亩园、汪士衡的寤(wù)园以及郑元勋的影园。

造园不仅是他的工作，也是他的兴趣所在。他不但注重实践，也注重从实践中系统总结理论。经过多年潜心研究，他总结了我国千年来的建园理论,著成《园冶》一书。这本书也是世界上最早论述造园艺术的专著。全书详细地分析了如何应对造园过程中的各种具体问题,历来受到国内外建筑界的推崇。

园林设计大师——山石张

虽然中国古代园林文化非常发达,但是能够留下记载的园林设计师并不多,清代著名园林建筑世家"山石张"就是难得的一个。"山石张"的创始人是张南垣、张然父子,他们是明末清初的造园大家。张南垣建造的名园很多,有松江李逢申的横云山庄、太仓王时敏的乐郊园、吴伟业的梅村、常熟钱谦益的拂水山庄(图 3.3.2)等。因为他的设计水平太过高超,所以同时代的文人吴梅村、黄宗羲等都忍不住为他写传,介绍他的造园艺术。

图 3.3.2　钱谦益的拂水山庄

和写出《园冶》的计成一样,张南垣也是一位很棒的画家。他按照山水画的意境来砌园造山,所造之园宛如图画一般。他特别善于因地制宜,用普通的太湖石将假山设计得精巧无比;他还特别善于规划,常常在谈笑间就做好了最切合自然原貌的布置方案。张南垣的次子张然在江南也是久负盛名,康熙年间应召入京供职内廷数十年,参与皇家畅春苑、南海瀛台、玉泉山静明园的建造。此后张氏家族世代相袭,直到近代还有传人从事造园艺术,成为中国园林史上的一个传奇。

建筑一角

闹红一舸
建筑年代：清代
建筑地址：江苏省苏州市吴江区
　　　　　同里镇新填街234号

文物揭秘："舸"字就是大船的意思，这"闹红一舸"，很明显是一条船的名字嘛。不过不用担心这条船会随波逐浪，它也不需要缆绳或锚，因为这是一条货真价实的石船。"闹红一舸"（图3.4.1）是同里古镇退思园中的重

看，多像一艘泊在庭院中的大船！

图3.4.1　闹红一舸

要景点之一,这座船舫形建筑的船头浸于池水,船尾隐于回廊,船身由湖石托起,外舱紧贴水面。石船当然不会漂走,也不用缆绳去系,因此又名"旱船"或"不系舟"。

"不系舟"这个名词来源于《庄子·列御寇》"巧者劳而知者忧,无能者无所求,饱食而遨游,泛若不系之舟"的名句。后来"不系舟"就成了逍遥自由、了无牵挂的生动比喻。这也正是退思园主人任兰生的心态写照。

退思园始建于清光绪十一年(1885年),任兰生罢官归里,取"退而思过"之意为园子命名,"闹红一舸"则体现了他寄情于水、摆脱俗事纷扰的心思。另外,这一景名取自南宋词人姜夔(kuí)的名作《念奴娇·闹红一舸》的首句。"闹红"描述了船头红鱼游动或夏日红荷点点的样子。

流杯亭
建筑年代:清代
建筑地址:北京市西城区前海西街17号恭王府

文物揭秘:大家知道吗?"亭"字在古代就有"停"的意思。亭的最初含义是指古人在道边修建的,供路人停留歇脚用的公共建筑,如路亭、凉亭、驿亭等。后来逐渐演变为点缀造型的景观建筑，多用于风景园林之中。

流杯亭是其中的一种，充满文化韵味。除了恭王府中的流杯亭外（图3.4.2），关于流杯亭，历史上还有一个非常著名的典故：东晋时期，在浙江绍兴兰渚竹林内的兰亭，大书法家王羲之与谢安等42位名士列坐溪边，由书童将盛满酒的杯子放入溪水中，杯随水动，流到谁的面前，谁就要赋诗一首，若是作不出来，要罚酒三觥（gōng）。正当众人沉浸在酒香诗美的意境中时，有人提议将当日所作37首诗汇编成诗集，这便是《兰亭集》。大家公推王羲之撰写《兰亭集序》，这篇序不仅成就了一部诗集，更成就了有"天下第一行书"美誉的书法名迹，兰亭由此名闻天下。

北宋时期已有了流杯亭的图样，后来，这种亭的样式甚

图3.4.2 恭王府中的流杯亭

至传播到了朝鲜与日本。

到了清代,流杯亭变成了皇室贵族专享的建筑形式。恭王府的这座流杯亭原名"沁秋亭",位于王府花园南部,亭后假山上的流水潺潺流入小亭内的沟渠。园主人在初春、盛夏、深秋时节可以邀客来此,曲水流觞,饮酒作诗。亭内还彩绘有二十四孝、白蛇传等故事,非常美丽。

艮(gèn)岳遗石
年代:宋代
地址:北京市西城区东经路21号

文物揭秘:中国古代园林追求自然,可是在没有山的平原地区,怎么堆出山来呢?答案是叠石为山,学名"掇(duō)山"。这样一来,"艮岳遗石"的含义就很清楚了——就是一座叫"艮岳"的假山遗留下来的石头。其中有一块被摆在先农坛的院内(图3.4.3),如今

图3.4.3 先农坛的艮岳遗石

这里被改建为北京古代建筑博物馆。

> 小贴士：艮岳遗石可并非单指先农坛里的这一块石头，它是艮岳假山遗石的统称。

"艮岳"是宋徽宗的手笔，这座假山原坐落在汴京（今河南开封）宫城的东北隅，全名是"艮岳寿山"。相传宋徽宗即位之初一直没有儿子，于是就有道士进言让他堆假山。结果他越堆越起劲，后来竟动用上千艘船只专门从江南运送山石花木北上。一时间，汴河之上的船只遮天蔽日，这就是《水浒传》中描述的"花石纲"。"花石纲"搅得民众怨声载道，而且巨大的运输成本使得国力困竭，以致金兵乘虚而入，汴京失守，玩物丧志

的宋徽宗也成了亡国之君。金兵攻破汴京后,尽取宋室珍奇异宝,运到金中都(今北京),其中就包括流传至今的这块艮岳遗石。

不远千里来到先农坛的这块奇石集太湖石"瘦、皱、漏、透"的优点于一身,上面还有题字"撷翠""绉(zhòu)云"等。从体积、造型和外观看,这块石头和北京中山公园、北海公园内的艮岳遗石非常相像,所以专家判断它们都是来自艮岳的遗石。

圆明园西洋楼
建筑年代:清代
建筑地址:北京市海淀区清华西路28号

文物揭秘:圆明园永远是深深扎在中华民族心头的一根刺,它时刻提醒着我们要发愤图强。自1860年英法联军侵入

北京，野蛮地劫掠并焚毁圆明园后，我们今天能看到的圆明园只剩下了部分西洋楼建筑遗迹。

西洋楼景区位于圆明园东北部的长春园内，是在清乾隆十年至二十四年（1745—1759）建成的，这也是中国历史上第一次大规模兴建的西洋式建筑群。

西洋楼的建筑平面像一个向左侧卧的T字形（图3.4.4），南北长约350米，东西宽约750米。主要建筑有谐奇趣、万花阵、方外观、海晏堂、大水法、观水法和绕法山等。

图 3.4.4　圆明园布局图

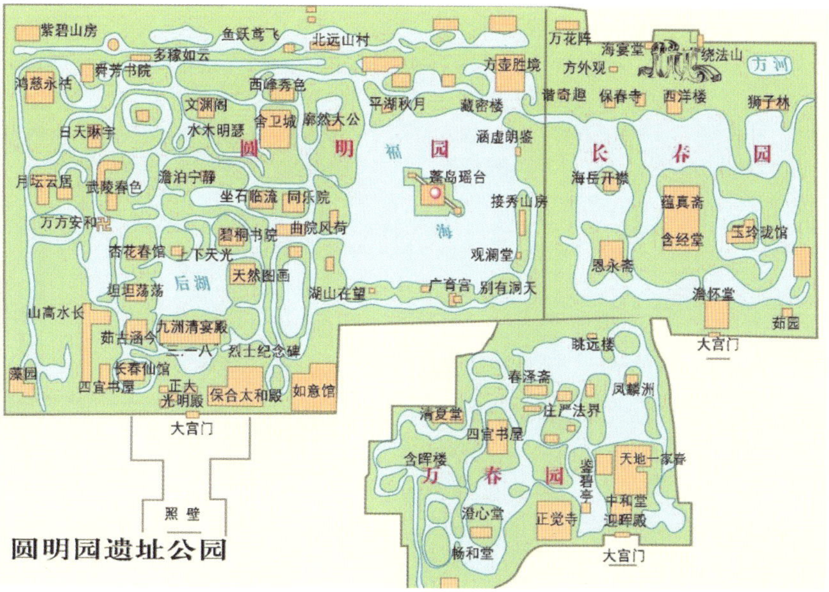

西洋楼的主要景观是人工喷泉，当时称为"水法"（图3.4.5），主要包括谐奇趣、海晏堂和大水法三处大型喷泉。我们平时经常看到的圆明园标志性建筑，那个高大的石拱门就是大水法的建筑遗址。

西洋楼建筑是由西方传教士郎世宁等人设计图样，由中国匠师建造的。建筑形式为欧洲文艺复兴后期的"巴洛克"风格，但在造园和建筑装饰方面也吸收了中式的传统手法。西洋楼的建筑材料多用汉白玉石柱，墙面抹灰或者嵌彩色花砖，屋

图 3.4.5　圆明园西洋楼遗迹

顶覆以中国传统的琉璃瓦，门窗、栏杆等细部也装饰成了中西合璧的风格。

景山五亭
年代：清代
地址：北京市西城区景山前街北侧

文物揭秘：景山位于故宫之北，是古代皇宫的屏障。明成祖朱棣营建宫室时，将拆除元宫和挖掘金水河的渣土压在元代延春阁的旧基之上，形成了五座山峰（图3.4.6），主峰高43米。景山与金水河一起，使得皇家宫苑成为依山抱水的风水宝地。为求皇图永固，此山被定名为"万岁山"。然而，万岁山并没有

图 3.4.6　景山五亭

使明王朝千秋万载。崇祯十七年（1644年），李自成农民军逼得末代皇帝朱由检吊死在万岁山东麓的一株老槐树上。

清顺治十二年（1655年），万岁山改名为"景山"。乾隆十六年（1751年），山上添建了五座精巧绝伦的亭子，被称为"景山五亭"。建得最高的是位于山巅的万春亭（图 3.4.7），为城内制高点，是鸟瞰京师的最佳位置。万春亭东西两侧的亭子分别叫观妙亭和辑芳亭，都是八角攒尖顶；再往两边分别为周赏亭和富览亭，这两个亭子是圆形攒尖顶。

图 3.4.7　万春亭

景山五亭依山势而建，以万春亭为中心，对称协调，构成了一幅和谐美观的图画。由山脚至山巅，亭的位置逐级升高，亭檐的层数逐渐增多，块头也不断加大，且屋顶由圆而方，富于变化。大家有机会一定要去欣赏游玩一番！

第四章
礼制建筑

早先,我们的祖先对自然现象(如风、云、雷、雨、旱、涝、蝗、蚕等)的祭祀多在坛上进行,而祭祀祖先的活动则多在庙中进行。

建筑传奇

古代的中国是一个高度礼制化的社会,也许你会问,到底什么是礼呢?从某种意义上说,礼是一种规范,是一种尊卑有序的等级思想和制度。在这种思想的指导下,中国古代建筑自然也处处体现着礼的色彩。从《礼记》和其他礼制著作中可以

看到,中国人对建筑样式的规范有极其严格的等级要求,比如不同级别城市的建筑形式、装饰颜色、城垣高度、道路宽度等。

祭祀建筑——坛与庙

古人说"国之大事,在祀与戎",把祭祀看得和打仗一样重要。祭祀堪称政治生活中的首要大事,而坛与庙,就是敬祀自然与敬奉先人的活动场所。

坛和庙到底是什么,它们又有什么区别呢?只有祭台而不建房屋的祭祀之地,叫作"坛";建祭祀用房进行敬神祭祖活动的,就称为"庙"。

早先,我们的祖先对自然现象(如风、云、雷、雨、旱、涝、蝗、蚕等)的祭祀多在坛上进行,而祭祀祖先的活动则多在庙中进行。后来这一区别逐渐缩小,到明清时期已经没有什么本质区别了,甚至坛庙合称。它们共同承担着古人祭祀神灵和祖先的重责。

说到坛庙建筑,我国

> 小贴士:大家知道吗?古代祭祀用的建筑除了坛、庙外,还有观、塔等多种类型呢!

目前发现较早的遗迹是新石器时期浙江余杭反山和瑶山、辽宁建平牛河梁的祭坛,其次是周代的祭天建筑明堂和圜(yuán)丘。

先秦古籍中的重要科学技术著作《考工记》对庙坛建筑有着严格的要求,它要求皇宫要建"左祖右社"。这也促使中国古建筑形成了很有特色的一大类——坛庙建筑。不知道大家听说过北京城有"五坛八庙"的说法吗?那可是国家级别的祭祀场所,非常重要哟!

> 小贴士:"五坛八庙"在历代的说法不一。五坛,一说为天地坛、社稷坛、山川坛、先农坛和先蚕坛,另一说为天坛、地坛、先农坛、日坛和月坛;明清时期的八庙一般指太庙、奉先殿、传心殿、寿皇殿、堂子、雍和宫、历代帝王庙和孔庙。

那么北京城有没有遵循《考工记》"左祖右社"的要求修建这些坛庙呢？答案是肯定的。坛庙建筑的精心设计与安排，体现了古代皇帝祈求上天与祖宗护佑江山社稷，各种自然神保证风调雨顺、国泰民安的愿望，具有深刻的寓意。

尊亲敬祖的礼制建筑——陵墓

生老病死是永恒的自然规律，不过在古人眼中，死亡是生命的另一种延续，因此生前的荣华富贵，死后也要继续享用，后辈则要满足先人在地下世界的需求，并希望先人能护佑自身的福祉。这实质上是人们祈求幸福的一种心灵安慰。在这种思想的引导下，中国古代建筑中的陵墓建筑自然也不可小觑，它同样有着各种严格的建筑规则。

选址和布局很重要

古人在选择营建陵墓的地点时讲究"看风水"，他们特别强调建筑与山水间的协调相称。绵延起伏的山峦就像巨人一般伸出双臂，把陵园环抱其中，使建筑与环境融为一体。

再看陵区的规划布局，也处处体现着逝者对生前生活的怀恋。很多功能性的建筑就围绕着"敬祖"这一主题有序地排列展开。

陵墓的地上标志都有啥

坟茔与宝城宝顶

中国早先的坟茔(yíng,即坟堆)可是超级朴素的,朴素到了几乎没有坟茔的地步,可谓"不坟不树"。

传说孔子是坟茔的发明者,他给自己的父母修起了坟茔,从此坟茔才在中国流行起来。这种说法当然未必真实,但专家认为坟茔的出现的确是儒家重视伦理纲常、教化民众的结果。此后,中国古人越来越重视坟茔的修建:最开始的时候,坟茔的大小和种树多少都非常有讲究。汉代时兴起了在地下建造石室的风潮。唐代时流行在山中建陵,到明清时就更讲究了,皇家流行起了"宝城宝顶"(图 4.1.1)。

宛如一座真正的皇城!

图 4.1.1　清惠陵(同治皇帝的陵墓)的"宝城宝顶"

什么是"宝城宝顶"呢？就是在地宫（地下的石砌房屋，用于安置棺椁）的上方，用砖砌成圆形或椭圆形的围墙，内填黄土，夯实，顶部做成穹隆形状。圆形围墙称"宝城"，穹隆顶称"宝顶"。

虽然各朝各代的陵墓建筑形式不一，但主要外观都是封土式的，这一基本特点并没有本质区别。

享 殿

先人居于地下了，地面的"享殿"就是后人用来祭拜先人的地方。

石像生

从秦汉时期开始，陵区就设置了引导生者通过神道，直达祭拜祖先之处的引导性标志建筑（图 4.1.2），它们是皇权仪卫的缩影。

图 4.1.2 明祖陵
（埋葬着朱元璋的祖父等）前的石像生

地下的居所是啥样

墓室就是我们前面说过的地宫,又称"玄宫",是放置墓主人棺椁的地方,所以它是陵墓中最不可或缺的。

建筑饱览

既不规则又不对称的建筑——天坛

它是这个样子的

现在的天坛是游人感受明清历史文化的观光胜地,在过去,天坛可是明清两代皇帝祭天、祈谷(祈祷丰年)和祈雨的场所,那时候每年的冬至、正月上辛日(每年正月初一到初十中的某一天)和孟夏(夏季的首月),皇帝都要到天坛来举行仪式。

结构中的奥秘——

天坛建于明永乐十八年(1420年),至今已有600多年的历史。它有两个最突出的特点,一是不规则,二是不对称。

说不规则,是因为从平面上来看(图4.2.1),它既不是正圆形,也不是正方形,而是一个"上圆下方"的形状。古人把天坛建成这种形状并不是心血来潮,而是因为天坛最初被命名为"天地坛",这种形状正暗合了中国古代天圆地方的宇宙观。

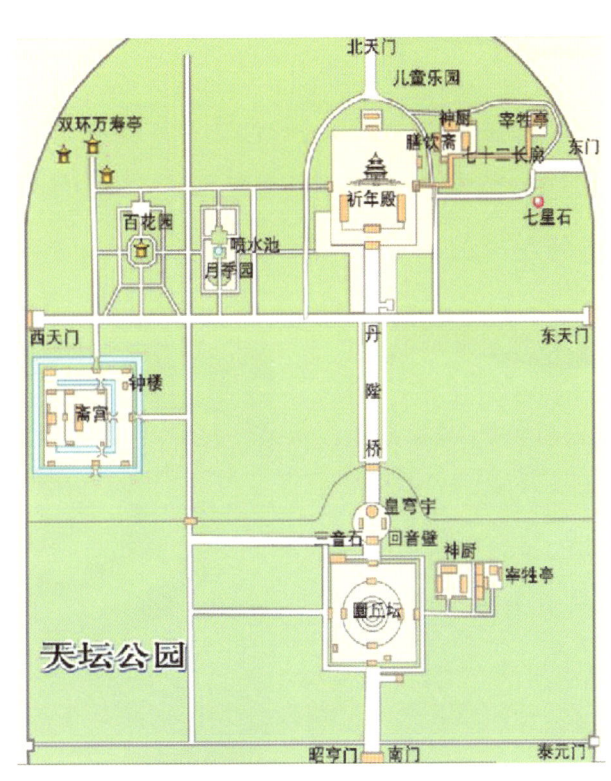

图 4.2.1 天坛平面图

说不对称,是因为天坛与很多传统建筑不同,它大胆地打破了中轴线对称的限制,处处都不对称。天坛有两重墙壁,将天坛分为内坛和外坛。天坛的内坛与外坛并不在同一条中轴线上，内坛不在外坛的正中，而位于其东侧，而内坛里的主体建筑又在内坛的偏东侧。这样的布局有什么效果呢？它使轴线和外坛西墙的距离延长了，因为人们以前都是从西门进入天坛的，所以这种布局会使人感到视野更宽阔，觉得建筑更宏伟。

外坛一览

天坛的外坛原先只在西边有两扇门，靠北的那扇叫"祈谷坛门"，靠南的那扇叫"圜丘坛门"（因为天坛原由祈谷坛和圜丘坛组成）。

内坛一览

现在我们就进入内坛去看看！天坛的内坛中间有一道东西向的隔墙，将内坛分成了圜丘、祈谷两部分。

天坛内的最主要建筑是圜丘坛（4.2.2），这也是每年举行祭天大典的地方。它位于内坛的南侧，坛是圆形的，象征着天，共有三层，上层坛面中央是一块圆

图 4.2.2　造型独特的圜丘坛

形的中心石。圜丘坛使用的地砖数量可是很有讲究的哟！它内圈铺了九块圆形石块，每向外一圈数量递增九块，直到第九圈为八十一块。二、三层坛面也按此规律排列，每层四周的栏板数量和台阶数也是九或九的倍数。因为古人认为，"九"象征九重天，是至高无上的。

圜丘坛北面的皇穹宇是放置圜丘神牌的地方，原先是一座重檐圆顶的殿堂，清乾隆年间被改建成单檐圆亭式殿堂。这座殿堂里供奉着"皇天上帝"的神牌，除此以外，殿内两侧各有四个方石台，这里放置了努尔哈赤等清代八个祖先的神牌。皇穹宇的东西两侧还各有五间配殿，收藏着其他的神牌。

环绕着皇穹宇和东西配殿的墙壁是天坛最有名的景点，这道圆形墙壁的墙面弧度规则而平滑，它能够反射声波，这就是大名鼎鼎的"回音壁"。你站在这个墙壁的任何一个角落悄悄说话，墙壁的其他地方，哪怕是最远处的人都能听得清清楚楚，是不是很神奇？

内坛的北部是祈谷坛，祈谷坛的正中是祈年殿（图

4.2.3），它曾是一座有三重色彩的独特建筑。明代时，它的三层屋面从上至下依次为蓝、黄、绿，清乾隆年间整修时，三层檐瓦都被改为蓝色。每年正月上辛日，皇帝都会率领王公大臣来此祈祷祭告，求一年风调雨顺。

图 4.2.3 天坛的标志——祈年殿

一个皇室家族的兴衰——明十三陵

如果有机会到明十三陵去探险，你一定会有新奇的发现。

它是这个样子的——

明十三陵位于北京市昌平区北部的天寿山下，是明代 13

个皇帝的陵寝所在地,故称"十三陵"(图 4.2.4—图 4.2.5)。这个埋葬了 13 位皇帝、23 位皇后,还有众多太子、妃嫔的墓群,堪称规模巨大。初到这里,你或许会有些许担忧——所有的陵墓看着都差不多,我会不会因此迷路?

如果我们把十三陵的总体想象成一棵大树,那么每个陵墓都是外形很相近的树枝。而树干呢,就是一条通向陵墓、长

图 4.2.4　明十三陵鸟瞰

图 4.2.5　1857 年绘制的明十三陵全景图

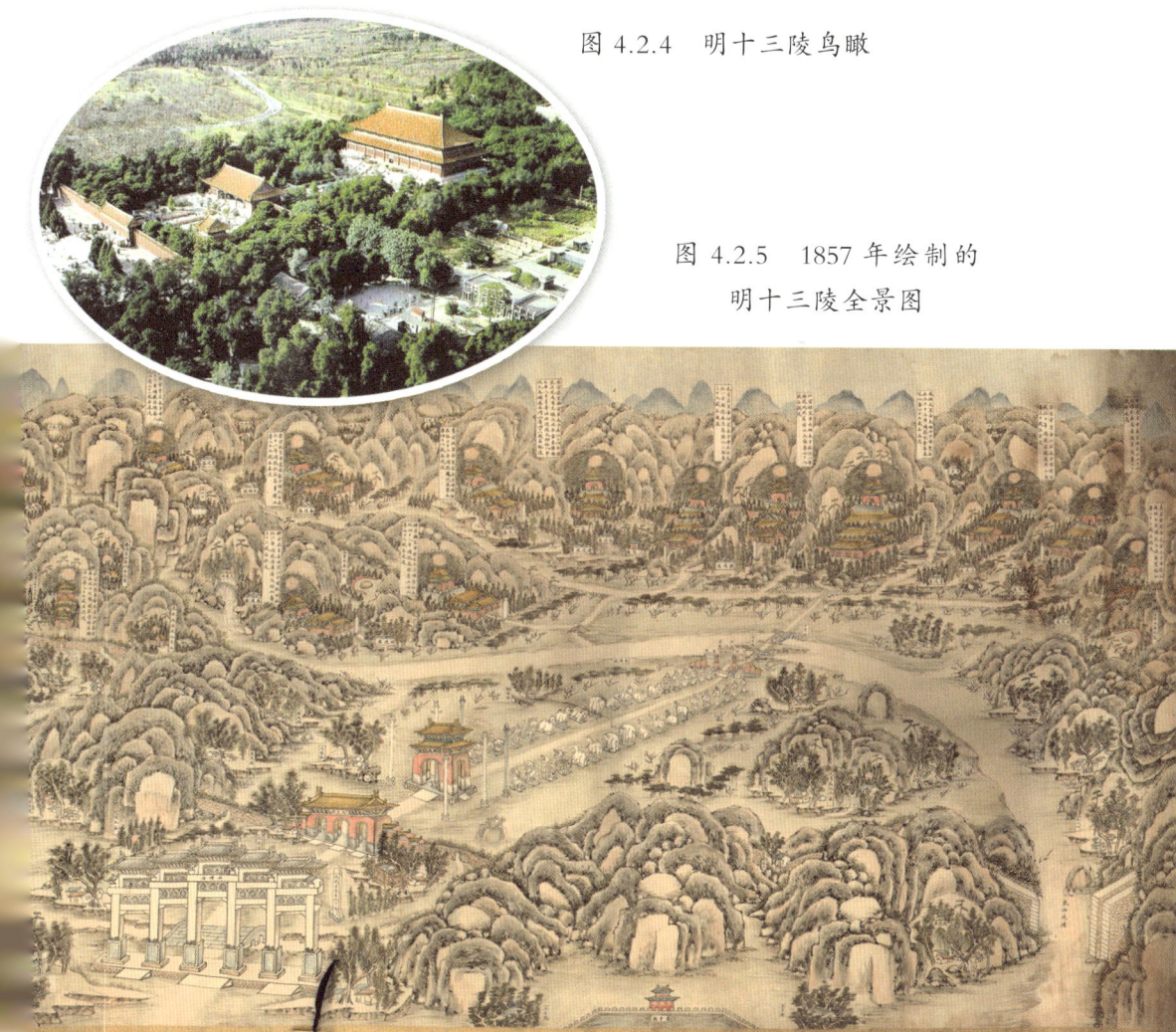

达 7 千米的大路——神路。神路沿途有牌坊(图 4.2.6)、石像生、石门、石桥等多种建筑,非常雄伟壮观。

图 4.2.6　十三陵壮观精美的石牌坊

明十三陵的每个陵墓看上去都差不多,然而你再仔细观察,就会发现一个有趣的特点——它们其实有大有小。凡是皇帝生前营建的陵墓,规模都比较大,例如永陵、定陵;死后营建的陵墓,规模就小,如献陵、景陵、康陵等。更特别的是思陵,因为崇祯皇帝是亡国之君,所以他用的陵墓原来是贵妃田氏的墓穴,因此,十三陵中属思陵规模最小。知道了这个规律,是不是就不那么容易迷路啦?

石头变身艺术品

明十三陵陵区的地面部分,最醒目的建筑是石牌坊。这个石牌坊是白色石质建筑,上面雕有龙、狮、花卉等精美图案,是北京形体最大、雕刻等级最高和最精美的石牌坊,反映了明代石质建筑工艺的卓越水平。

龟背上的石碑

其次要说的是碑亭。碑亭位于神路中央,亭内竖着一块龙首龟趺(fū,即碑下的石座)石碑,高约8米,上题"大明长陵神功圣德碑",是明仁宗朱高炽撰文,明初著名书法家程南云所书。这么一块巨大的石碑,到底是怎么运到龟背上去的呢?传说工地的管理人员当时也为此费尽脑筋,后来他想出了一个绝妙的法子——叫人往龟背上填土,把龟埋起来,然后顺土坡将碑拉上去,等碑立起后,将土去掉就行啦!虽然这仅仅是个传说,但也体现出了我国古代工匠的智慧。

石雕护卫队

再有就是神路（图 4.2.7）两旁的石人和石兽，也就是所谓的"石像生"。

在皇陵神路中设置这种石像生，早在 2000 多年前的秦汉时期就有了。古代皇帝在举行大型庆典时，往往会把驯服后的大象和狮子等动物放在笼子里摆出来以壮声威，石像生就是这种制度的遗存。

道旁设置石像生除了起到装饰点缀的作用外，还用以象征皇帝生前的威仪，同时也表示皇帝死后在阴间也拥有文武百官及各种牲畜可供驱使，仍可主宰一切。

十三陵的石像生共计有石人 12 座，石兽 24 座，如狮子、獬豸、骆驼、象、马、麒麟等。石像生位于神路两侧，成对放置。

图 4.2.7 十三陵的"主干"神路悠远漫长

明十三陵依照风水理论精心选址,十分注重陵寝建筑与大自然山川、水流和植被的和谐统一。作为中国古代帝陵的杰出代表,展示了中国传统文化的丰富内涵。

举世无双

多功能的彩画

我国古代的礼制建筑上往往绘有彩画,这可不仅仅是为了追求美,也是封建礼制的要求。除此以外,它们还有保护木构件,防潮、防腐、防蛀等作用。我们今天看到的礼制建筑上的彩画以清式彩画为主,主要可分为"和玺""旋子"和"苏式"三大类。

和玺彩画

这是彩画等级最高的一种(图 4.3.1),仅用在宫殿、皇家坛庙的主殿、堂门和少量的牌楼建筑中。画面中,象征皇权的龙凤纹样占据主导地位,大面积使用沥粉贴金,花纹绚丽,并且用青、绿、红为底色来衬托金色图案,整体显得非常华贵。

图 4.3.1 和玺彩画

旋子彩画

旋子彩画仅次于和玺彩画(图 4.3.2),有明显的等级划分,既可以画得很素雅,也可以做得很华贵。它的应用范围很广,一般官衙、庙宇的主殿,坛庙的配殿以及牌楼等建筑物都会用到这种彩画。旋子彩画的主要特点是使用旋涡状的几何图形,叫"旋子"(或称"旋花"),各层花瓣从外到内分别称"一路瓣""二路瓣""三路瓣""旋眼"(或称"旋花心")。

图 4.3.2 抽象而华美的旋子彩画

苏式彩画

这类彩画由几何图案和绘画两部分组成(图 4.3.3),主要

建筑中还有更多美丽的彩画,需要大家自己去发现哟!

图 4.3.3 苏式彩画

第四章 礼制建筑

139

用于园林和住宅。在图案上,这种画一般会选择各种回纹、万字、夔纹、汉瓦、连珠、锦纹等,在绘画上,内容包括各种人物故事、山水、花鸟、鱼虫等。这种画多有寓意,寄托着吉祥美好的愿望。

建筑一角

孝堂山郭氏墓石祠
建筑年代:东汉
建筑地址:山东省济南市长清区孝堂山

文物揭秘: 说起孝堂山郭氏墓石祠大家可能不太熟悉,它位于山东省济南市长清区孝堂山,传说是东汉郭巨的墓祠。郭巨是谁呢?他是东汉时期的一个大孝子。根据祠内题记和画像风格,专家们判断郭氏墓的建筑年代约为公元1世纪,是我国现存最早的地面房屋建筑(图4.4.1)。

"石祠",顾名思义,这座建筑物完全是石质,墙壁由厚约20厘米的石块砌成。祠内的石壁和三角形石梁上还雕有各种神话传说、天文星象、历史故事、出行图和战争场面等。更有趣的是,古人也有"到此一游"的习惯,这里最早的游人题记是在东汉永建四年(129年)和永康元年(167年)写下的,这也证明了这座建筑的古老。石祠的山墙外侧还有北齐的《陇东王感孝颂》(图 4.4.2),在历史和书法艺术史上都有重大的价值。

图 4.4.1　郭氏墓石祠

图 4.4.2　《陇东王感孝颂》

嘉祥武氏墓群石刻
年代：东汉
地址：山东省嘉祥县纸坊镇武翟山北麓武氏祠景区

文物揭秘：嘉祥武氏墓群石刻（图4.4.3）位于山东省嘉祥县的武氏祠景区，这一墓群建于东汉建和元年（147年），现在还保留着石阙、石狮子各一对，石碑两块，画像石四十六块，是我国保存完整的汉代石刻艺术珍品。这里简直是个古代美术馆，各种画像内容丰富，有历史人物、历史故事、神话传说、车马出行、水陆攻战等等，其艺术之完美，主题之丰富，世所罕见，是汉代画像图志研究最珍贵的资料。中国学者从宋代起就开始研究这座祠堂。19世纪以来，西方学者也加入这个行列。武氏墓群石刻以其丰富的内涵不断向中外艺术研究者提出挑战，从这个意义上说，它早已超越了这个小小祠堂本身的历史价值。

图 4.4.3　武氏墓群中传神的荆轲刺秦王石刻

兆域图
发掘时间:1983年10月
发掘地点:河北省平山县中山国古墓
所属博物馆:河北省博物馆

文物揭秘: 1983年10月23日,河北省的考古工作者们在平山县的中山国(战国晚期)古墓中发掘出一幅铜版地图,就是《兆域图》(图4.4.4)。《兆域图》长94厘米,宽48厘米,厚1厘米。这幅铜版地图图文用金银镶嵌,正面是中山王及王后

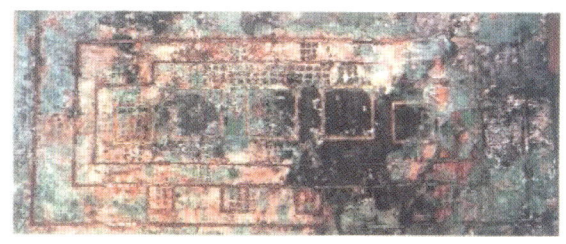

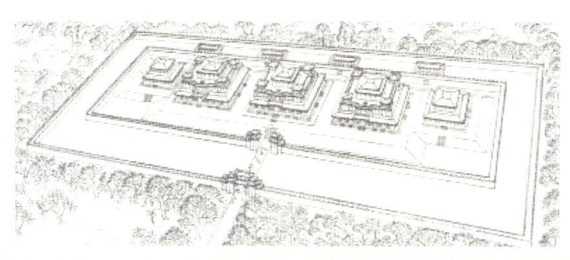

图4.4.4 根据《兆域图》复原出的
中山王及王后陵园的草图

陵园的平面设计图。从图中我们可以看到，陵园包括三座大墓、两座中墓。除此之外，铜版地图上还记录着陵墓的名称、大小以及宫室、内外城垣的尺寸、距离等信息。这幅铜版地图是我国发现年代最早的建筑平面规划图，也是世界上最早按比例绘制的建筑图样。它显示着早在2400多年前，我国建筑大师们的聪明才智和创造力。这幅地图在建筑学、考古学、历史学、社会学等方面都有很高的学术价值。

鱼沼飞梁
年代：宋代
地址：山西省太原市晋源区晋祠镇
所属博物馆：晋祠博物馆

文物揭秘：晋祠（图4.4.5）位于山西省太原市西南方向的悬瓮山下，原为北魏年间奉祀晋国始祖唐叔虞的祠庙。北宋时人们又在祠中建了圣母殿，用来祭祀晋水之神。晋祠里保留着不同时期的建筑遗迹，有宋代的铁人、铁狮，金代的献殿和许多明清建筑，在这其中，有座独一无二的奇特建筑——鱼沼飞梁。

鱼沼飞梁是什么建筑呢？原来，它是架在献殿与圣母殿之间池沼上的一座桥梁。池和沼又有什么区别呢？古人称圆形水塘为池，方形水塘则为沼。沼中养鱼，所以被称为鱼沼。

图 4.4.5 晋祠圣母殿

图 4.4.6 晋祠鱼沼飞梁

鱼沼中立着 34 根八角形石柱,这些纵横连跨的石柱顶上承载着十字形的石砌桥面,整个造型有如巨鸟展翅,所以称为"飞梁"(图 4.4.6)。将这两者合起来,就有了一个诗意的名字"鱼沼飞梁"。飞梁的始建年代已不得而知,不过早在北魏时,郦道元《水经注》中已有明确记载:"水侧有凉堂,结飞梁于水上。"这种十字形的桥梁在中国乃至整个世界都非常少见,建筑学家梁思成曾感叹:"此式十字桥,在古画中偶见,实物仅此例,洵(xún)属可贵。"

义慈惠石柱
年代：北齐
地址：河北省保定市定兴县高里乡石柱村

文物揭秘：义慈惠石柱名气不是很大，但意义绝对不小。这座石柱位于河北省保定市定兴县城西的石柱村，建造于北齐天统五年（569年）。这座石灰岩石柱由柱身和柱顶石屋两部分组成，像这种方形的石柱上建有小石屋（图 4.4.7）的建筑构造实属罕见，成为这座石柱最大的特点。

图 4.4.7　上有小石屋的义慈惠石柱（局部）

这座石柱整体高 6.17 米。石柱正面刻着"标异乡义慈惠石柱颂"题铭，下部各面刻有颂文共 3400 余字。那么，它到底是为了纪念什么而建造的呢？原来，北魏孝昌年间（525—527），民生困苦，因而爆发了杜洛周、葛荣起义。这场起义后来遭到残酷镇压，后人将起义军将士的尸骨安葬，并立石柱作为纪念。

石柱顶端的小石屋可不是无关紧要的装饰品，这个如同小庙宇的石屋虽然个子不大，但构造规范，是研究隋唐以前建筑式样的珍贵实物资料。

永固陵石券门
发掘时间：1976年
发掘地点：山西省大同市永固陵
所属博物馆：中国国家博物馆

文物揭秘：永固陵是北魏文成帝拓跋濬（jùn）的妻子、文明皇后冯氏的陵墓，位于山西省大同市北西寺儿梁山南麓，始建于北魏孝文帝太和五年（481年）。永固陵的最大特点是将墓地和佛寺结合了起来。

石券门（图 4.4.8）是永固陵墓道里的一座石门，由拱形门楣、门框（仅存左框，右框为复制品）、门枕等部件组成。门楣两端各雕刻着一个手捧莲蕾的赤足童子和口衔宝珠的长尾孔雀。柱下的门枕石雕成了虎头造型，威武雄健，镇煞辟邪，是现存年代最早、雕刻最精美的门墩塑像。别小看了这看似不起眼的石券门，这座石门因为长期封闭在墓葬内，未经风化侵蚀，保存极好，可是研究北魏石雕艺术的珍贵资料呢！

图 4.4.8　永固陵石券门

> 小贴士：门枕，俗称门墩，是安装在大门的门槛两侧，起加固和承重作用的部件。

博物馆参观礼仪小贴士

同学们，你们好，我是博乐乐，别看年纪和你们差不多，我可是个资深的博物馆爱好者。博物馆真是个神奇的地方，里面的藏品历经千百年时光流转，用斑驳的印记讲述过去的故事，多么不可思议！我想带领你们走进每一家博物馆，去发现藏品中承载的珍贵记忆。

走进博物馆时，随身所带的不仅仅要有发现奇妙的双眼、感受魅力的内心，更要有一份对历史、文化、艺术以及对他人的尊重，而这份尊重的体现便是遵守博物馆参观的礼仪。

1.进入博物馆的展厅前，请先仔细阅读参观的规则、标志和提醒，看看博物馆告诉我们要注意什么。

2.看到了心仪的藏品，难免会想要用手中的相机记录下来，但是要注意将相机的闪光灯调整到关闭状态，因为闪光灯会给这些珍贵且脆弱的文物带来一定的损害。

3.遇到没有玻璃罩子的文物，不要伸手去摸，与文物之间保持一定的距离，反而为我们从另外的角度去欣赏文物打开一扇窗。

4.在展厅里请不要喝水或吃零食,这样能体现我们对文物的尊重。

5.参观博物馆要遵守秩序,说话应轻声细语,不可以追跑嬉闹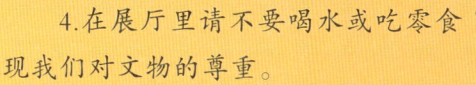。对秩序的遵守不仅是为了保证我们自己参观的效果,更是对他人的尊重。

6.就算是为了仔细看清藏品,也不要趴在展柜上,把脏兮兮的小手印留在展柜玻璃上。

7.博物馆中热情的讲解员是陪伴我们参观的好朋友,在讲解员讲解的时候不要用你的问题打断他。若真有疑问,可以在整个导览结束后,单独去请教讲解员,相信这时得到的答案会更细致、更准确。

8.如果是跟随团队参观,个子小的同学站在前排,个子高的同学站在后排,这样参观的效果会更好。当某一位同学在回答老师或者讲解员提问时,其他同学要做到认真倾听。

记住了这些,让我们一起开始博物馆奇妙之旅吧!

博乐乐带你游博物馆

我博乐乐又来啦,同学们,在欣赏了众多博物馆精美的器物藏品后,让我们换一个角度,去领略一下中国传统古建筑的奇特之美吧!

北京古代建筑博物馆

地址:北京市西城区东经路21号

开馆时间:周二至周日9:00—16:00,15:40停止售票
周一、元旦、除夕、正月初一闭馆

门票:成人15元,学生8元,每周三前200名观众免票

电话及网址:010-63172150
http://www.bjgjg.com

这个周末可真是个好天气,我又可以背包出门去游览博物馆啦!我从天坛公园西门出来,再西行600米,就来到了北京古代建筑博物馆。古代建筑博物馆坐落在明清时期祭祀农神、太岁神的先农坛内。这里虽身处闹市,却古柏参天,置身其中,仿佛一下子穿越到数百年前的幽古圣境,别有一番韵味。

小提示:北京古代建筑博物馆,是我国第一座收藏、研究和展示中国古代建筑技术、艺术及其发展历史的专题性博物馆,它依托有近600年历史的先农坛古建群,成为闹中取静、人迹罕至的清幽之所。

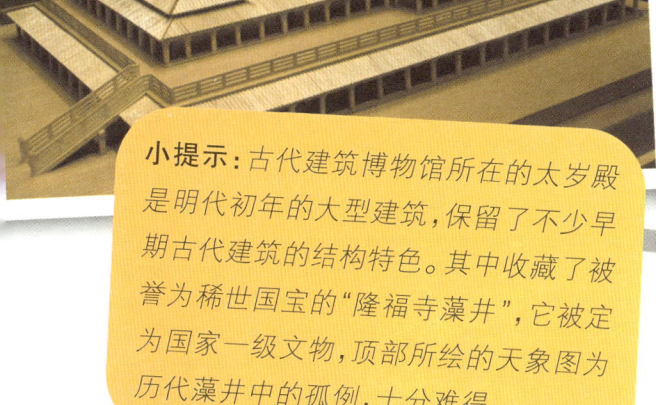

小提示： 古代建筑博物馆所在的太岁殿是明代初年的大型建筑，保留了不少早期古代建筑的结构特色。其中收藏了被誉为稀世国宝的"隆福寺藻井"，它被定为国家一级文物，顶部所绘的天象图为历代藻井中的孤例，十分难得。

根据指示牌，我来到了古建馆的基本陈列厅——"中国古代建筑发展史"展厅，它就在先农坛的太岁殿院落里。我粗略地游览了一圈，前殿按照时间顺序介绍了中国历代的经典建筑，后殿展示了古代城市发展规划以及古建营造技术。西配殿按照民居、宫殿、园林、坛庙、陵墓等分类，以模型、图片展示了我国各类古建筑的功能形态。这里给我留下最深印象的，就是末代皇后婉容故居的模型，做得好精致！大门、影壁、垂花门、抄手游廊、私家花园，让我们领略了老北京四合院的独特韵味。

在来古代建筑博物馆之前，我做了功课，知道在太岁殿传统建筑工艺展区里，会展出不同的木匠工具，还有各种木材纹样以及砖石、琉璃等建筑构件。这对爱好建筑的我来说可是不可多得的机会。我迫不及待地找到了这个展区。哈！在这里我变身为小木匠，自己操作工具，拼插榫卯，组装斗拱，真是非常有趣！

出了太岁殿，我来到西侧的神厨院落，院内是先农坛的历史文化陈列。殿内集中展示了先农坛的历史风貌，以及明清时期皇帝祭祀先农之神、亲耕耤田的礼仪制度。明清先农坛占地广大，面积近乎故宫的两倍。而今百年沧桑过后，只保存下以太岁殿为核心的一小部分。

小提示： 神厨院落原是存放祭祀礼器、制作牺牲供品的场所。每年农历二月，都要由此将先农神牌请到南侧的祭坛之上，同时奏响中和韶乐，由皇帝拈香朝拜主持祭祀仪式，以求一年五谷丰登。从2013年起，北京市西城区政府复原了先农坛的祭祀乐舞仪式，在每年四月的先农坛敬农文化节上进行表演。

古代建筑博物馆东南部有一座具服殿，是皇帝亲耕前的更衣之所。这里会不定期举办临时展览，听志愿者叔叔说，每年的"5·18"国际博物馆日，这里还会举办鉴宝活动。届时故宫博物院、首都博物馆的文物专家，将免费为老百姓鉴定自家的老物件，场面非常热闹。

我每次参加鉴宝活动，都会增长许多鉴赏知识，也会看到现场鉴定的结果，多是一家独喜数家愁。

中国紫檀博物馆

地址：北京市朝阳区建国路 23 号

开馆时间：周二至周日 9:00—17:00，16:30 停止售票
周一、除夕、正月初一、初二、初三闭馆

门票：成人 50 元，学生、军人、老人 20 元

电话及网址：010-85752818
http://www.redsandalwood.com

老话说"人分三六九等，木有花梨紫檀"，可见国人把紫檀和黄花梨视为木材的最高品质。今天我就带大家一起领略一下我国古典家具与木材的魅力。

早晨，爸爸开车带我赶往中国紫檀博物馆。沿着长安街向东，在京通快速路高碑店出口的北侧，我看到一大片仿明清风格的古典建筑群，这里就是我们的目的地——中国紫檀博物馆。

小提示：单就紫檀博物馆建筑本身来说，就称得上是一件完美的工艺品。这座占地2.5万平方米的博物馆设计气势宏大而又处处精巧，古色古香而又不乏现代气息。它的五层主体建筑使用磨砖对缝工艺，分毫不差。1000多平方米的馆前广场，采用过去只有皇家使用的海漫斗板地面——即大青砖铺设后再浸润桐油，整个建筑设计都是请故宫的匠师们精心制作的。

爸爸说它是由全国政协委员、香港富华国际集团主席陈丽华女士投资逾两亿元人民币兴建的，是中国首家规模最大，集收藏研究、陈列展示紫檀艺术，鉴赏中国古典家具的专题类民办博物馆，填补了中国博物馆界的空白。

紫檀博物馆内展出的木雕精品真是数不胜数啊！我粗略估计了一下，这里的展品至少有近千件，不仅有明清家具陈列展示，有佛教文化艺术品的展示，有传统家具材料、造型、结构的展示，还有雕刻工艺的展示，等等。

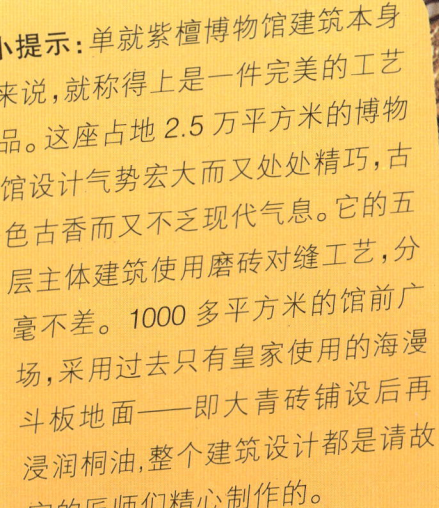

小提示: 紫檀是一种极为名贵的硬木,能沉水,生长在印度、东南亚地区,约百年才能生长一寸左右。从明代起我国就一直进口紫檀。其成材率很低,有"十檀九空、寸檀寸金"的说法。

另外在这里我还看到了很多微缩的中国古建筑景观:故宫的角楼、紫禁城御花园中的千秋亭与万春亭,尽显皇家气派;山西五台山龙泉寺的牌坊,320条蛟龙姿态各异,精湛的圆雕、浮雕、透雕,世所罕见。这些散发着古典气韵的艺术珍品,皆由紫檀精制而成,别有一种瑰丽的美感。

走进博物馆，看着古色古香的雕刻，听着悠扬的古韵琴声，我一直在感叹，真的是高贵奢华，巧夺天工啊！那古代人物的妆容，那叶尖鸣虫的触须，那螺钿镶嵌的花卉，一应俱全。我不禁拿出相机拍照，但不管什么角度、模式，都拍不出那种精美和细致。

小提示： 这座博物馆的展厅一共分为四层，一二层分别是紫檀、黄花梨等珍贵名木制作的家具和艺术品。三楼大厅中央陈列的是两座分别以1：5和1：8比例用紫檀制作的王府四合院和民宅四合院。整体布局出入躲闪、高低错落，作品给人以大气而又精巧的视觉感受，再现了中国古建筑的文化风貌。四楼中央是天坛祈年殿的模型，整体造型古朴、庄重，堪称绝世之作。

这座馆内严禁吸烟、触摸展品，但与其他历史文物博物馆不同，这里允许游客在指定的六处拍照景点拍照哟！

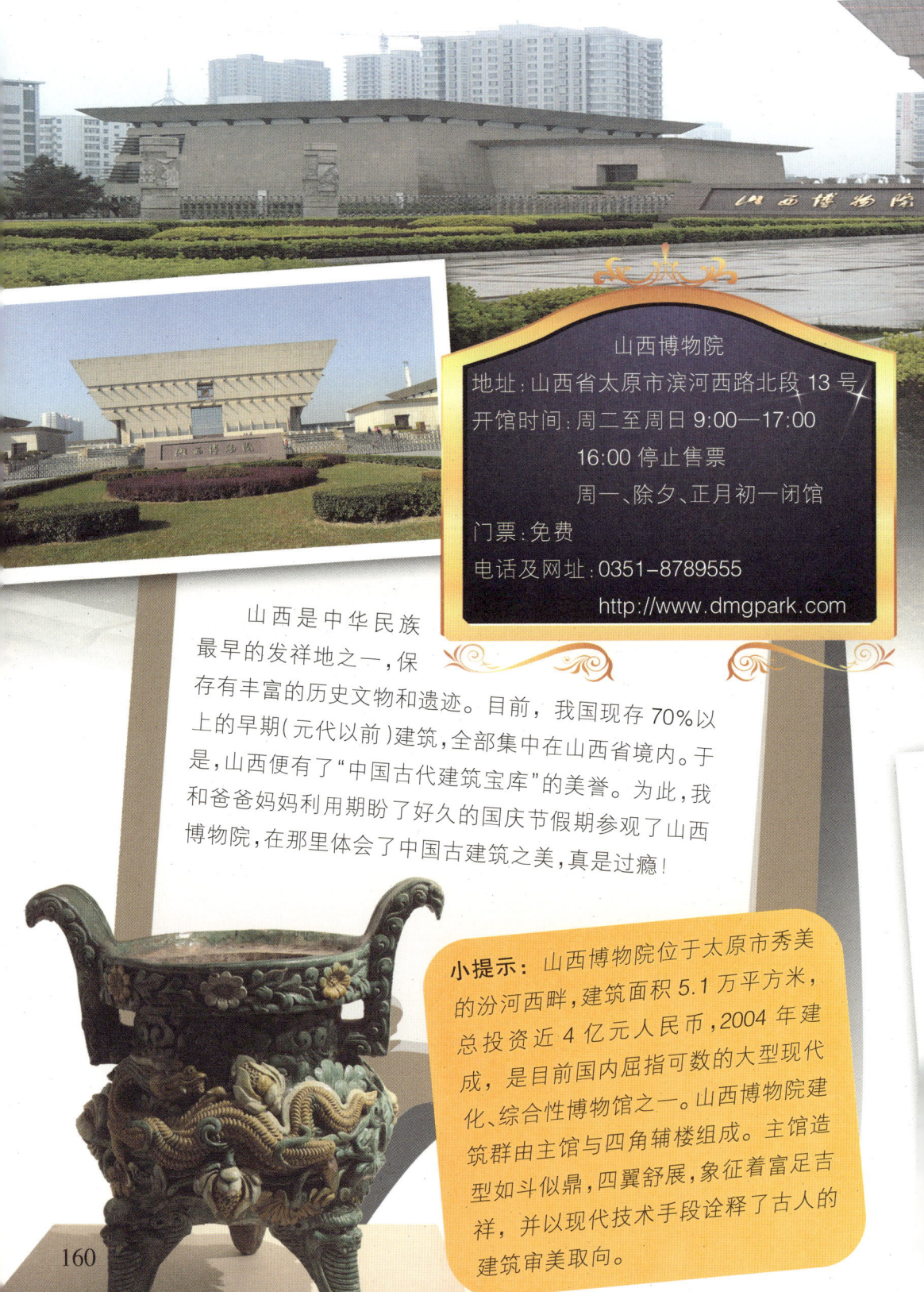

山西博物院
地址：山西省太原市滨河西路北段 13 号
开馆时间：周二至周日 9:00—17:00
16:00 停止售票
周一、除夕、正月初一闭馆
门票：免费
电话及网址：0351-8789555
http://www.dmgpark.com

　　山西是中华民族最早的发祥地之一，保存有丰富的历史文物和遗迹。目前，我国现存 70% 以上的早期（元代以前）建筑，全部集中在山西省境内。于是，山西便有了"中国古代建筑宝库"的美誉。为此，我和爸爸妈妈利用期盼了好久的国庆节假期参观了山西博物院，在那里体会了中国古建筑之美，真是过瘾！

小提示：山西博物院位于太原市秀美的汾河西畔，建筑面积 5.1 万平方米，总投资近 4 亿元人民币，2004 年建成，是目前国内屈指可数的大型现代化、综合性博物馆之一。山西博物院建筑群由主馆与四角辅楼组成。主馆造型如斗似鼎，四翼舒展，象征着富足吉祥，并以现代技术手段诠释了古人的建筑审美取向。

小提示：山西博物院荟萃了山西全省的文物精华，珍贵藏品达40余万件。其基本陈列由文明摇篮、夏商踪迹、晋国霸业、民族熔炉、佛风遗韵、戏曲故乡、明清晋商7个历史专题和土木华章、山川精英、翰墨丹青、方圆世界、瓷苑艺葩5个艺术专题构成。

刚刚进入馆内，工作人员就热情地接待了我们，并且向我们介绍了馆内的基本情况和游览路线，这座博物馆非常现代化，我们租用了一个数码式语音导览机，这样就可以边游览边听专业的讲解了。

进入馆内,我直奔四层的"土木华章"展厅。这里介绍了全国仅存的四座唐代建筑,它们分别是五台山的南禅寺大殿、佛光寺东大殿、芮城广仁王庙大殿、平顺天台庵大殿。其雄浑、质朴、舒展的结构,正是盛唐气象的完美体现。

小提示:本展厅分为"凝固音乐——古建筑艺术""古壁丹青——寺观壁画艺术""神工灵光——寺观彩塑艺术"和"流光溢彩——建筑琉璃艺术"四个单元,以丰富多样的形式,展示了"中国古代建筑宝库"的多彩多姿。

在这一层，精美的建筑展示让我目不暇接。在一座佛塔前，我驻足良久，这是一座建筑模型，是中国古代建筑史上的奇迹——佛宫寺释迦塔。听语音导览机中介绍，它位于山西省北部应县的佛宫寺内，俗称"应县木塔"。始建于宋辽时期，是我国最著名，也是世界上最高大的木结构建筑。最神奇的是，这样宏伟高大的建筑，它的主体竟然是纯木构件，完全通过榫卯拼装而成，塔身细部包含六十余种式样的斗拱，这些都成为建筑设计师们学习的典范。

> 这座木塔饱经战火、风雨、地震而主体依然完好，真可以说是中国古代土木建筑的典范！

保国寺古建筑博物馆

地址：浙江省宁波市江北区洪塘街鞍山村

开馆时间：周二至周日 8:00—16:30，
16:00 停止售票

门票：20 元

电话及网址：0574-87586317

http://www.baoguosi.com.cn

我国早期古代建筑保存于山西省的数量最多，不过江南地区古老的木构建筑也别有韵味。趁假期还没结束，我和爸爸妈妈辗转来到浙江宁波，领略了江南地区最古老的木构建筑——"东来第一山"保国寺古建筑群的独特魅力。

小提示：保国寺位于宁波市郊的灵山，作为该市唯一的全国首批重点文物保护单位、国家4A级旅游景区，它成为这座城市重要的文化名片。保国寺在1954年第一次全国文物普查时被发现，后经古建专家刘敦桢、陈从周鉴定，为北宋时期的木构建筑。

这真是一个现代化的博物馆,为了使观众能直接观赏优秀的文化遗产,大殿内设置了移动的提示屏灯架,采用防紫外线射灯、显示屏、音响三位一体,对大殿的建筑特点、结构部件等进行语音和图片的同步讲解。

据说这座寺庙的年代考证可是费了不少工夫呢,考古专家根据现存的文献、石刻、题记、建筑工艺,再加上现代的科技手段才最终测定!

游览建筑博物馆,最有趣的地方就是可以自己动手做建筑模型,保国寺古建筑博物馆也不例外,在拼插的过程中,我还真的能感受到南北建筑风格的不同呢。

小提示:寺内天王殿里介绍了保国寺的历史沿革、外部环境和古建筑群的整体布局,并配有沙盘和1∶50的模型,体现了古建筑与自然环境和谐相融的科学理念;第二进大雄宝殿本身就是一座原汁原味的北宋建筑精品;观音殿展厅内通过实物、模型、图片等形式向观众剖析了保国寺宋代大殿的结构特征、群组变化。

小提示：保国寺内除了常设的古建筑文化基本陈列外，还有明清古典家具、石雕石刻艺术、大殿木结构科技保护等专题展览。

宋代是伟大的文明时代，保国寺大殿正是这个伟大时代的产物。这次江南之行，我们完全被保国寺的迷人景致所吸引，更为我国有如此优秀的传统建筑文化而骄傲。

167

编后记

难忘的旅程

　　《四海遗珍的中国梦》《阅读最美的建筑》……一本本图文并茂的"博物馆里的中国"付梓，心里有喜悦、激动，更有诸多的期待和祝福，希望每个读到这套书的读者，都能和我们一样，发现博物馆的美好，爱上这个珍藏着人类文明记忆的地方。回首从确立选题到图书出版的一千个日日夜夜，有许许多多的记忆片段闪现在脑海。

　　2012年，编辑有幸结识了中央民族大学博物馆学、人类学教授潘守永先生，进而走近了"四月公益"——一个由众多年轻人参与组织的博物馆志愿者协会，认识了连续11年为孩子做义务讲解的"朋朋哥哥"……在一次次交谈中，我们被潘教授以及他的专家团队、被孩子们口中的朋朋哥哥和他的"草根团队"对博物馆的热爱所感动，对当下博物馆减免门票、开始走进大众生活展开讨论，从而萌生了编写和出版一套专门给青少年读者阅读的博物馆类图书的想法，告诉他们博物馆里有知识，有文化，有过去、现在和未来，博物馆里有一个丰富绚烂、多姿多彩的中国。

　　中国已经有了超过4000家各类博物馆和数以亿计的藏品，如何从浩如烟海的藏品中选择出最具历史文化价值的藏品，同时用既能体现藏品背后的文化底蕴、科学知识，又能为孩子所喜欢的形式展现出来？如何保证图书的前沿性、专业性、权威性、传承性和趣味性？由此，编辑踏上了一段虽辛苦却乐在其中的旅程。

● **博物馆之旅有他们同行,我们走得更坚实。**

我们实地走访、电话拜访了全国 80 多家重点博物馆,面见约谈了 30 位以上博物馆专业的专家、学者和博物馆爱好者,并召开 10 次以上大中小型讨论会,确立了由 2 位主编、8 位编委、20 位作者组成的创作团队。其中有省级重点博物馆相关部门负责人,有博物馆学教授,有博物馆相关研究领域专家,还有中国国家博物馆、首都博物馆、中华世纪坛世界艺术馆义务讲解员等,他们的背后还有多位大学教授、专家学者,以及中国科学院院士的学术支持。

● **旅途中,时常会有惊喜闪现。**

走访博物馆时,年轻却无比敬业、专门给孩子进行讲解的讲解员给每一块矿石找到"萌点",将高深的知识转化为生动的语言,这位可爱的讲解员哥哥,最后被我们吸收进了创作团队;召开编委会时,主编为了启发作者的思路,讲述无数藏品背后的小故事:马王堆出土的帛书是由博物馆的老师傅经过 3 个月的悉心修复才得以呈现它的本来面目,而三星堆的权杖更是经过了长达半年的处理才重现原貌……

● **敬业的编辑团队,让博物馆之旅充满了创意。**

开始创作,旅行进入了最精彩的阶段。编辑翻阅了很多博物馆方面的图书,观看和历史、文化有关的电视纪录片,与作者反复沟通,希望在藏品的海洋中选取最具代表性的珍宝,为读者呈现出精华中的精华;审读样稿的过程中反复斟酌,找到最适合孩子的表述方式,并对书中的几千张精美图片、几百幅卡通插图,一一写出文字建议。细心的读者可以发现,这部丛书每一页的版式设计、文字、照片、插图都经过精心设计和巧妙构思。我们力求让文字和插图"活起来",让藏品如一个个精灵般站在读者面前,把自己的故事讲给读者听。

● **"创新"是这段旅程中的关键词,它几乎无处不在。**

这套书摒弃了以馆划分的传统,以更为灵活、富有趣味性的"主题"分册;介绍藏品时,完全以故事的形式进行呈现,彰显了中国五千年文明的奕奕神采;为全面展示中华悠久文明,我们将流落海外且数量巨大的中国文物收入一册;此外,每册图书后均加入了"博物馆参观礼仪小贴士""博乐乐带你游博物馆"等互动环节,让孩子们读过此书,在真正走进博物馆时,随身所带的不仅仅是一双发现的眼睛,更怀有一颗对历史、文化、艺术的尊重之心。

这一次"博物馆里的中国"之旅,我们遇见了 600 余件藏品,分布于国内外近 150 家博物馆。这些藏品或在中国历史上具有震代的作用,或在海内外具有极高的知名度,或能体现中华民族传统文化精髓,或能展示中国从古到今的科技成就……由于图书篇幅所限,我们对博物馆内的藏品必须有所取舍,无法面面俱到,但窥一斑而知全豹,中国古往今来的发展历程,丰富灿烂的文化传承,在这套书里还是得到了非常真切的展现。那些更多的图书之外的藏品和故事,等待着读者们亲自走进博物馆去发现!

"博物馆里的中国"跨越历史,把流金岁月里经时间长河洗礼而愈加熠熠生辉、异彩纷呈的文化呈现在读者面前。如果亲爱的读者在放下本书后,能够真切地感受到中华文化的博大与美好,萌生去探寻博物馆里的中国的好奇之心,从而走进博物馆、爱上博物馆,便是本丛书编写队伍所有参与者最大的快乐。

编者
2015 年 8 月